MAD Works

MAD Architects

漂浮
MAD建筑集

马岩松 著

木兰 译

MAD Works
MAD Architects

Ma Yansong

中信出版集团 | 北京

图书在版编目（CIP）数据

漂浮：MAD建筑集 / 马岩松著；木兰译 . -- 北京：
中信出版社，2023.3
书名原文：MAD Works MAD Architects
ISBN 978-7-5217-4841-3

I. ①漂⋯ II. ①马⋯ ②木⋯ III. ①建筑设计－作
品集－中国－现代 IV. ① TU206

中国版本图书馆 CIP 数据核字（2022）第 210642 号

漂浮：MAD建筑集
著者： 马岩松
译者： 木兰
出版发行：中信出版集团股份有限公司
　　　　　（北京市朝阳区东三环北路 27 号嘉铭中心　邮编　100020）
承印者： 北京盛通印刷股份有限公司

开本：889mm×1194mm 1/12　　　印张：20.5　　字数：194 千字
版次：2023 年 3 月第 1 版　　　　印次：2023 年 3 月第 1 次印刷
京权图字：01-2022-1661　　　　　书号：ISBN 978-7-5217-4841-3
　　　　　　　　　　　　　　　　定价：258.00 元

版权所有·侵权必究
如有印刷、装订问题，本公司负责调换。
服务热线：400-600-8099
投稿邮箱：author@citicpub.com

目录

前言

这些年来，先锋派到底是怎么了？也许一百年、七十年或者四十年前，这是一个非常有用的术语，因为它涵盖了创新、智慧、灵感和原创性等特质，或者至少代表了高度原创的作品——有些作品还时不时地扮演着令人震撼和张扬的角色。而如今我们对是否要重新塑造这个词语感到犹豫不决。难道我们要就此放弃创新、智慧、原创和勇气的价值吗？

也许只有创造出一个新词，我们才能够为马岩松找到一个合适的标签——他有着以上所有特质。像众多先锋派人物一样，他在天时地利人和的情况下登上了这个舞台。马岩松出生、成长于北京，那时北京刚刚从漫长的神秘和偏执中走出来；21 世纪初，在耶鲁大学毕业后，他找到了努力的方向。彼时，扎哈·哈迪德（Zaha Hadid）在众多才能迥异的天才中脱颖而出，一举获得普利兹克建筑奖。这件事表明建筑界不是一个位置高度固化的领域，因此，这个才华横溢的中国年轻人能够去辨别、抉择、受到鼓舞，成为"曲线女王"的得意弟子，继而大放异彩。

虽然马岩松也经手过小规模的建筑，但它们与赢得竞赛设计权的梦露大厦（Absolute Towers）相比，都相形见绌。如此流畅而曼妙的建筑曲线，使优雅而传统的加拿大人也为之倾倒。至于这一设计构思与哈迪德事务所的超高层结构参数化设计有多大程度的类似，则是那些执着于建筑是"先有鸡还是先有蛋"之人的兴趣所在。更重要的是，马岩松毫无疑问是她伦敦事务所（培养流线型建筑的温室）中最无畏的人之一。

直到哈尔滨大剧院，我们才真正肃然起敬并为之喝彩。须知，即便是可以与之媲美的哈迪德的巴库阿利耶夫中心，也要在我们到达内部之后才能发现其令人屏息的精妙之处。而马岩松的设计宛如平缓起伏的山脉，高低错落之间尽显优雅。已经有很多文章描绘了这座建筑如山般的特征，以及其设计与场所的共鸣。对我来说，这个作品的精彩之处实际上是其丰富的创造力和大胆的动机，而非情感呼应或模型借鉴。这表明，之前马岩松被鼓励去做出如"世界本身已经是一本伟大的教科书"这样的阐述，或者引用"山水精神"的解释——远离自然，然后回归自然——对周围的世界产生情感上的反应……这些正是他对当前建筑师必须为设计辩护和正名这一压力的回应。

他的确达到了一个令人羡慕的技艺纯熟和超凡脱俗的境界，这足以说明他自成一体了吧？

而延续这种魅力的正是鄂尔多斯博物馆，就这个建筑来说，尺度的建

立或特殊表面的所有部位都仿佛被刻意偏移。如果说哈尔滨大剧院是逐步走向高潮的，那么这座奇异的蜂巢建筑会让你一直捉摸不透，直到你走进去，才会发现它被有效地分解成各种功能区域。

马岩松给建筑带来了全新的流畅感。这种流畅感显然是出于对结构、重量、材料和形式的真实感受与把握。他对于常常求助于精密的衔接与空间语法的欧美建筑所面临的困扰毫无惧色。在这一点上，人们仍然可以从他的建筑中找出一些有趣的特点。关于实体方面，固定模式的玻璃开口和随处可见的白色表面或许已经开始让他觉得厌烦？他依然比较喜欢西方的某种程度的轴线形式（在西方我们联想到的是气派），但他敢于在任何时候把所有的东西都打乱，然后做出一个明显随机的平面布局。

老一辈的先锋派人物往往过于先锋，以至于他们成熟的作品，要么失去公众，要么迷惑公众，他们忘记了还有其他类型的主张或美学存在。有趣的是，马岩松是西方建筑讲坛的常客，他需要从我们这里得到什么呢？当他的作品反过来刺激了西方时，他已经迷住了我们。

彼得·库克

MAD

人们经常问我 MAD 代表什么。有时，我解释它代表"马的设计"（MA Design），但我更喜欢"疯狂的建筑事务所"（MAD Architects）这一释义。它听起来像是一群对设计和实践抱有态度的建筑师。

我认为坚持以某种态度进行建筑设计，以及对我们世界上的问题和挑战一直保持批判性和敏感性，非常重要。建筑师不应是只会一味说"好的"的专业技术人员和服务供应商，而应该提出具有知识和智慧的问题，并偶尔说"不"；他们应永不满足，且永远心怀对于未来的理想。建筑师不仅代表社会和文化价值观，他们最终还是实践这些价值观的前行者。

然而，因为"态度"这个词常与人的身体和精神有关，"态度"其实是非常个人化的名词——它已超越了建筑本身。在当今社会，每个人都想要表达些什么，但不是所有人都有能力像建筑师那样手握某种"权力"，去建造某种相对永恒的东西。一方面，建筑服务于我们的日常生活，并微妙地影响着我们的日常生活；另一方面，它们也决定了人类如何生活和思考。建筑可以是鼓舞人心的，但前提是它承载着创造者的思想和情感。这是一种艺术形式。

像许多其他青年建筑师一样，在得到真正的建造机会前，我设计了一些小物件。正如这本书所展示的那样，它们最初看起来可能跟一个年轻事务所的发展阶段一样，不断地为新项目提供概念。像早期作品《鱼缸》，我把它当作鱼的房子，同时也是对现代建筑的隐喻挑战。《墨冰》是书法展览中的一件装置，这个重达 27 吨的立方体在三天内融化，最终消失在户外。这种转变展示了仅由自然力塑造的各种动态形状。《感觉即真实》是艺术家奥拉维尔·埃利亚松（Olafur Eliasson）和我联手打造的一个空间装置，我们创造了一个挑战人类经验和现实感知的环境。

当然，我最终想到了一个规模更宏大的设计。"北京 2050"是一个宣言式项目。我设想了一座飘浮的城市，并进一步将天安门广场变成了森林公园。"山水城市"的概念源于一次艺术展览，这是一个将人与自然在精神上联系起来的未来城市环境的梦想。

这些高度概念化的项目很可能会停留在纸上或者变成展厅的展品，但是，我通过这些主题去发掘我的深层思想，并对我的作品进行分类。作为我所有作品的起源，这些艺术作品揭示了我对建筑的态度。

在这本作品集中，所有的项目都是按照上述艺术作品及其后续的相关建筑理念进行组织和分类的。对读者来说，从这些概念的角度来理解 MAD 的作品很重要。

疯狂是一种有效的态度。

马岩松

图1 "北京2050"：胡同泡泡

图4 皇都艺术中心

图8 折叠密斯

图2 "山水城市"概念展示

图5 "山水城市"概念展示

图9 "超级明星：移动中国城"

图3 重建的纽约世界贸易中心

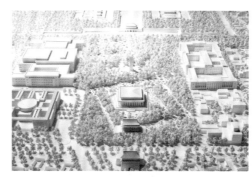

图6 "北京2050"：天安门广场

图7 "山水城市"概念展示

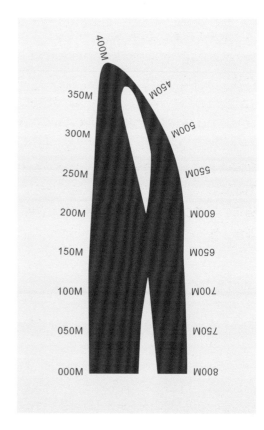

图10 800米塔

陈伯康对话马岩松

陈：10 年前，大约是在 2007 年，我们在你的工作室第一次见面。那时你刚刚赢得多伦多郊外的梦露大厦的设计权，可以说是这个项目让你一举成名。你已经提出了一些如"北京 2050"（图 1）这样重要的且具有批判性的建议，但当时你仍处于事业的起步阶段。我觉得大部分人看到的只是你作品的造型，而不是其背后隐藏的东西。

现在，当你的名字出现的时候，人们首先浮现在脑海里的就是你谈到的"山水"（"山"和"水"的字面意思，借用了中国传统山水画的术语，反映了人与自然的关系）这个新的方向。这个想法是从哪里来的？你要通过它表达什么呢？

马：我在三四年前有了"山水"这个想法。早些时候，我没有任何计划或方向，只是先尝试了解建筑场地和周边环境，然后遵循我对它的第一感受。但是当我有更多的项目需要回顾之后，我开始把它们综合起来看，试图弄懂自己这么做的理由（图 2）。我最想了解的是"纽约世贸中心重建计划"（2001 年我提出了一个飘浮在纽约上空的巨大云状建筑，又称"浮游之岛"的提案），那其实是我在学校的论文项目。我和艺术家兼评论家包泡老师讨论过很多次，我视他为导师。

他经常来工作室。那是八九年前的事了，他说："我对你感兴趣是因为'浮游之岛'这个项目，它非常激动人心，看起来一点也不像现代建筑。"我们谈了很多关于如何才能够让我的提案既不是关注特定或当下问题的，也不是纪念"9·11"事件的。作为一名学生，我被难住了，不知道该专注于哪个方向。我无法把任何东西放进这个空间（双子塔原来的位置）。然后有一天，我做了一个梦，梦到有东西浮在遗址上面。我把它画了下来，后来这就成了我的提案（图 3）。包泡老师认为它对我们这个时代来说很有价值，可以被看作现代主义的结束。它关注的不是某种逻辑或规则，而是个人的感受、希望和一些非常人性化的东西。他总是鼓励我回头看看这个设计，想想这么做的原因。

陈：所以从那时起，你就意识到自己是一个情感表达型的建筑师了吗？

马：是的。我发现"山水"的美在于情感的表达。它不是自然元素的简单复制或生硬嵌入，它对自然有更广泛的定义，将人和人类的情感视为自然的一部分。现代的自然概念是，在一个像居住机器的建筑里面放上树木和其他绿色植物。相反，"山水城市"的建筑是有曲线的，

你可以把它看作一座山，把其他东西看作水。它可能是自然界的任何东西，它不是完全的复制品，而是想象出来的。所以对于世贸中心，虽然我建议在云层上面加上绿色和水，但即使没有这些东西，建筑本身对我来说也是与自然相关的。

在意识到这一点之后，我开始追溯过去。小时候我学过水墨画，在大学里我的很多项目都和大自然有关。然后当我读到钱学森先生的一篇文章时，"山水"进入了我的视野。他所说的"山水"建筑，虽然是指有树木和其他绿植等所有自然元素的现代高楼大厦，但他不是建筑师，并没有给出山水建筑的具体形象。所以三四年前，我开始尝试自己去定义山水建筑。

陈：我们再谈谈钱学森先生吧。20 世纪 40 年代，他与人共同创立了加州理工学院的喷气推进实验室，后来在麦肯锡"红色恐怖"时期，美方怀疑他支持美国共产党，取消了他研究火箭的资格，钱学森也因此辞去了加州理工学院的职位。回到中国后，他开始研制火箭。直到晚年，也就是 20 世纪 80 年代，他才开始谈论"山水"。是这样的吗？

马：是的。

陈：据我所知，他尝试将中国哲学概念带入当时已应用西方逻辑科学论的中国。也许"现代中国"长期以来面临的问题就是，需要不断努力调和"中国性"与"现代性"的矛盾。但我发现将两者视为对立面是有问题的。

马：钱学森是一位现代科学家，但他也喜欢传统园林，尤其痴迷于艺术和文化；他的妻子就是位音乐家。他从美国回来时正值中国城市化的初期，也许他原本希望重温美丽的园林和古城的风景，但相反，他看到的却是现代式建筑和城市规划。他提出了一种新的方式，认为我们可以向传统的城市和园林学习。但他不知道具体该怎么做。

我曾拜访过建筑评论家顾孟潮先生，他在担任《建筑学报》杂志主编时，经常与钱学森通信。顾老先生给我看了这些信，他还把它们发表了出来。对我来说，钱老说得非常笼统。他谈的是方法、数据和科学，就像他在思考国家政策一样；而在我看来，"山水"并不好划一定义，因为那太现代主义思维模式了——找到方法论，并为每个人所掌

握使用。相反，我觉得"山水"是非常个人的。所以我与钱老是有区别的，但我决定沿用这个词，因为我们有着同样的担忧。

就像北京的老城区，我觉得它很美：鼓楼、钟楼、湖泊、桥梁、山脉，不仅有绿意，而且布局巧妙。既具有实用性，又充满诗情画意。这背后有一套哲学理念，而这正是现代城市所缺乏的。现代城市专注于交通和功能，但是这种做法过于注重日常生活，忽视了城市的品质和灵魂。我认为其背后应该有一种哲学理念，一种格局非常高的思考（图4）。

陈：然而，我想知道，当人们谈论你的工作，甚至当你自己谈论你的工作时，最大的争议点是不是在两个层面之间展开——一方面是情感、个人表达和体验，另一方面是功能、规划和其他更现实的技术层面的考量。这两者有必然的矛盾吗？必须舍此而取彼吗？或者这种矛盾是不是正因为你的"中国人的自然观"不同于"西方人的自然观"？

马：当我们谈论自然时，它已经是一种情感上的关注了。人们现在谈论自然，是觉得我们需要更好的环境，而不是一切都由机器控制。人们需要放松。这是一种精神和情感上的需求。但是当这些转化为专业领域的建筑时，人们仍然遵循现代的方法论或思维方式，认为人类可以控制一切。所以当他们考虑如何创造一个更好的环境时，答案就是增加绿色植物，或者是改善室内空气，减少吸收室外的热量。他们认为科技进步可以改变一切。大多数专业人士都在谈论科学技术，他们忘记了人们最初想要的是什么；而最初人们想要的往往只是一种纯粹的情感需求。

陈：这很有趣，因为在很多方面，中国对自然的再现就像古典园林或山水画一样，一直是一种高度形式化的极端的自然——人工的自然。这种人工自然比自然更加"自然"，非常有感染力，但也有特定的文化背景。当西方人想到自然的时候，他们可能会想到起伏的山丘和森林，或者看起来更像英式花园的东西。有趣的是，这些花园构思巧妙，看起来不像是人工雕琢的（图5）。

不管怎么说，我想知道你的"山水"理念在国外是否适用。比如说，当你和欧美开发商或客户见面时，你会谈到"山水"吗？如果会的话，他们的反应如何？

马：我更多的是自己用这个词。有时候我也尝试介绍"山水"，当然很

少有人能明白其中的含义。如果你把它说成"自然"，人们便会产生先入为主的"误解"，所以我不想提到"自然"。如果有机会解释的话，我甚至可能会说，我说的并非"自然"。我需要一个更抽象的词，让我有时间慢慢地阐明这个概念，找到一种人们能理解的语言。

陈：你的作品中有情感的一面，但也有批判的一面。说回你的世贸中心重建计划，虽然这个设计最初只是直觉反应，但它同时也批判了现代人如仰视权力般仰视高楼大厦的态度，以及人类的骄傲自大。然后是你在2006年威尼斯建筑双年展上的"北京2050"提案，提出将天安门广场变成一个市民公园。你的作品中一直有批判的味道。

马：是的，我认为我的实践总是从批评开始的。我就是以这种方式去理解和学习我们所处的环境和当前面临的问题的，然后我试着回应这些问题。人们需要更好地感受和理解自己与这个世界的关系，所以有时候，会借自然来表达自己的价值观。人们去海边，觉得大海很漂亮；走进森林，或者看到地上的一朵花或一块石头，都会自动感受到一种呼应。这种情感呼应的重点不在于岩石或花朵，而在于人们的内心。

我认为这给自然添加了一层社会属性，当自然成为人类情感、精神、生命和价值的象征或符号时，每个人都是平等的。你不一定富有或是有权力，自然成为令人们更平等的社会工具。

这就是天安门广场的提案（图6）想要表达的想法。天安门广场非常具有象征意义。如果我们能把它变成一片森林，它就会变成一个与个体联系更紧密的地方。我觉得大自然或者"山水"在某种程度上有一种社会使命。我们的目的在于如何将工业城市或现代化城市，打造成更加人性化的城市，以及大自然如何在这个新型社会中创造多重意义。这不仅仅是多种树和美化城市这么简单，而是在挑战现代社会的基本价值观。

陈：关于"山水"，你说它不只是一个造型，还是一项社会工程。在你的作品中，社会效益往往与外观和形式有很大关系。对于许多人来说，形式和实质是不一样的，甚至是相互对立的。但我认为你的意思是说，形式就是实质。

马：在我采用"山水"这个概念之前，我对形式和语言已经有了自己的偏好。有人说我用的曲线不过是雕塑的线条，但我总是告诉他们我的曲线不一样，至少对我来说是如此。有时我想让线条显得奇特，不

想要一个非常完美的几何图形。它更像是传统的中国画和园林；你知道，有时它们实际上有点丑，但丑也是其中的一部分（图7）。

陈：奇异之中也有美。

马：对。这让我觉得更鲜活。但当我开始谈"山水"后，有些人就会给它固化成一种形式、风格，说它像山。

陈：这也是可以理解的，毕竟你设计和建造了不少山形建筑。你甚至给其中一个项目起名叫假山。

马：当然。我觉得在现代城市里造山也很不错。但我开始担心，因为那不是我唯一的目的。当我谈到空间，或者空间的情感时，谈论的不仅仅是视觉上的效果。事实上，如果你能用其他方式来传达你对物象的感受，那也挺好的。这就是为什么最近我开始更多地思考体验，我试着不再依赖形状，或者单纯的自然元素。

我尝试着通过一些项目在更大尺度上创造出精神价值。随着北京朝阳公园广场项目（位于北京的山形塔楼综合体）的开展，我认为低层和地面层的布局和构成对我来说更加重要。虽然双塔的轮廓鲜明，但它们更多的是作为背景来表达我的意思。我想让双塔看起来更有力、更引人注目，因为我知道不远处还有一个由央视大楼和国贸三期组成的"天际线"。而且，这个项目位于朝阳公园边上，也使建筑线条更合理。我还是希望人们能够对我们为什么这样做留有一份好奇心。

也许将来就不需要这么做了。

陈：说到朝阳公园广场，你告诉过我，你用来装饰的美丽的烟熏玻璃，是有意参考密斯·凡·德·罗和他著名的古铜色有色玻璃。

马：你是说那些黑色玻璃吗？

陈：是的。你说你在建筑的曲线造型上使用这种玻璃，意味着瓦解现代主义。我很高兴你这么说，因为这有助于我弄清你在这个作品中的批判维度。但同时我也在想，与其说是你瓦解了密斯和现代主义，不如说你是在将自然现代化。

马：我2004年设计的《鱼缸》就是这样的。我还做了一个艺术装置，叫"墨冰"（2006）。这个作品制作了黑色的冰块，然后以一种扭曲的方式融化它们。由太阳、风和自然力形成的洞眼呈现出非常有机的形状。当我绘制朝阳公园塔楼的第一张效果图时，我想到的是被劈开的岩石切片或者雕塑般的山体线条。我希望人们从侧面也能看到不同的线条和更自由的形状。

很久以前，我做过一个叫"折叠密斯"的房屋设计提案（图8）。那是一个单层的白色建筑，随着结构开始转变，空间变得更加有机。事实上，我喜欢密斯。在我的《疯狂晚餐》一书里，我和密斯隔着时空做了对谈。我向他提出疑问，但没有答案。我又提出了另一个问题，依旧没有答案，也许他不需要回答。

我认识一个研究密斯的学者，他住在密斯设计的大楼里。他说每天走出大楼，都觉得周围很脏，不想走出去。他认为大楼里面的空间是如此干净并具有精神性，他不想离开这个现实到另一个现实里去。我觉得很有意思。

事实上，路易斯·康的索尔克生物研究所（Salk Institue）是我最喜爱的作品，它和我说的"山水"相差无几。

陈：因为建筑和景观之间的关系？

马：是的。是水、天空、海洋、人们自己和这个空间的关系。奇怪的是，人们把康归为现代主义建筑师，因为他的作品的线条是如此简洁和几何化。但解读他还有很多方式。

陈：这让我想起了包豪斯，想到我们对包豪斯的理解比以前复杂多了。我们过去常常单纯地把它和功能主义、艺术和工业的统一等联系在一起。但是现在，我们知道包豪斯并非那么单一，而是内容非常丰富。比如，特别是一开始，包豪斯在整个精神层面上，创造了一个新时代。当时有很多相互竞争的派系和斗争的意识形态。最近，当包豪斯德绍基金会（Bauhaus Dessau Foundation）在包豪斯博物馆竞赛中给两个风格迥异的设计方案同时颁发了一等奖时，我对包豪斯，甚至更广泛地说是现代主义的开放，感到震惊。

马：是啊，的确有点出乎意料。

陈：那简直就是精神分裂。一个是冈萨雷斯·扎巴拉 (Gonzalez Zabala) 设计的素净的密斯式盒子，而另一个则风格完全相反，是由杨和阿亚塔 (Young & Ayata) 设计的一群形状不规则的彩色"豆荚"，让人联想到包豪斯是一个更加多彩、包容多样化的声音平台。这就好像包豪斯也在努力定义自己，在这个过程中，它走向了两个极端。但如果我们能把包豪斯描绘成一群疯狂的色彩斑斓的豆荚，如果我们能敞开心扉，接受更宽松、非正统甚至违反直觉的解读，那么也许我们也可以把路易斯·康的作品想象成"山水"，因为尽管形式上存在明显的分歧，但他的许多关注点似乎与你是一致的，或者至少是重叠的。

马：他是个现代主义者，但同时也是个古典主义者。他的灵感来自过去。他的索尔克生物研究所的布局基本上是对称的，你可以认为是古典主义。然而，传统上焦点处会有纪念碑、建筑物或其他物体，而索尔克生物研究所焦点处很空旷。其轴线通向远方的海洋和自然。

陈：听到你对西方建筑师的这些经典项目进行更具中国特色的解读，我感到很有意思。它与我们在 M+ 博物馆所做的项目——用亚洲观点重访及重估全球叙事——有许多地方不谋而合。

不过，说到你，作为你们这一代最具国际影响力的成功的中国建筑师，我想知道你如何看待自己的"中国性"，以及"中国性"在你的作品中扮演的角色对你向海外展示自己有何作用。说到这里，就要提及你在 2008 年威尼斯建筑双年展上展示的一个早期项目"超级明星：移动中国城"。

马：那是我的另一面。

陈：这是一个惊人的计划：一座城市尺度的星形中国城，可以移植到世界任何地方。也许你可以解释一下你的设计意图。

马：我知道有些人还在谈论这个作品。一些开发商甚至试图让我造出其中的一个。

陈：真的吗？

马：是的。但对我来说，这只是我为双年展做的提案。当时的中国正聚焦于为北京奥运会建造标志建筑上，于是我想我也可以构想一个可以不考虑结构和现实问题的标志建筑——或者说是一个象征。对于威尼斯建筑双年展来说，我只是众多国际建筑师团队中的一员。我在想，他们为什么邀请我一个中国人来参加？我为什么会在那里？所以我联想到了我的民族身份。我也一直在想我为什么把它做成了星星的形状（图 9）。那时我把它叫作中国城。"超级明星"之所以叫中国城，是因为它和中国城一样，看起来一点也不像中国。

在中国城，你看到的餐馆和所有传统的东西，都是假的。但也有很多标志性的东西，也许这才是真正的中国。在我把它命名为中国城之后，世界各地的人们开始把它和中国联系起来。这种误读的力量太强大了，也太愚蠢了。但与此同时，这个东西可以移动，里面有体育设施，所以你不必每四年在不同的地方重建奥运会场馆。而且其中的设施都是太阳能的，自给自足，自成一体，不会造成任何能源浪费。我记得有篇文章说，中国建筑师终于开始谈论可持续发展了。

陈：我喜欢这个作品的含混性，因为它提出了一个既令人振奋又令人恐惧的未来。特别是在 2008 年，每个人都为中国代表未来的想法感到欣喜，但同时有人对中国的崛起感到紧张和受到威胁。

马：即使是赫尔佐格和德梅隆，也因为为中国设计了国家体育馆（"鸟巢"）这座庞然大物而在欧洲饱受非议。但是"超级明星"只是想引发讨论，我只是开个玩笑。

陈：也许我们可以谈谈标志性建筑的话题。人们总是说传统的中国建筑，更多的是关注建筑和空间之间的关系，而不是建筑本身。然而，近年来，中国已经成为"实体建筑"的建筑游乐场，我想其中也包括你们的作品。在中国，标志性建筑被视为政治力量或市场力量，或者二者相结合的产物。你说过你反对把建筑当作产品，但是你的建筑，以及其他许多人的建筑，已经不可避免地变成了产品。

马：我认为在一个乏善可陈的世界里，成为标志性建筑是非常容易的。

陈：是的。

马：我的意思是，标志性建筑范围广泛。其中包括杰出的建筑、历史建筑，还有丑陋的建筑，而它们成为标志性建筑是因为特别。对我而言，"标志性"必须体现建筑与城市景观的关系，但往往人们对此并没有太多期望，因为现时的建筑大多只停留在功能、常规的层面。城市变得如此无趣，所以我们需要一些东西来表达自己，无论是美丽的还是丑陋的。不管结果是好是坏，我们需要这个机会。

这只是现象，非常正常。在特殊和正常之间总有和谐共存或对抗张力。一些好的标志建筑由此而来，也证明了人们还在坚持尝试有意义的实验工作。我希望自己就是那样。我不希望所有东西都长一个样。我指的是，你去挑战外面的世界，结果就会有不同。有时候我决定走得更极端，因为我觉得这会有帮助。

陈：没错。最好的状态是，标志性建筑不仅刺激了形式和技术的创新，而且能够激起情感上的共鸣，提供特殊的体验，为城市环境带来另一种情趣或积极的意义。显然，无论怎么定义标志性，标志性建筑都满足了人类的某种需求，否则我们就不会还在建造它们了。

马：是的。我觉得我们需要真正的标志性建筑。我是说，有时候，人们生气是因为他们觉得这个特别的小东西或建筑太傻了。但我们需要标志性建筑。即使在老北京，比如北海公园里的亭台楼阁、布局、岛中塔，都有特殊意义。它们是北京的特殊标志，注定不平凡。同时，它们赏心悦目，惹人喜爱。城市需要标志性建筑来表达人们真正的价值观和愿望。

陈：那么你怎么看摩天大楼？和你的世贸中心重建计划一样，你的早期项目如 800 米塔（图 10，整体造型被从中折叠成两半），是对人类盲目崇拜高层建筑的一种批判。但是现在，你也设计了不少高楼大厦。我记得四年前你决心在曼哈顿建一座摩天大楼；听说最近你还赢得了一场竞赛，目的就是要建摩天大楼。

马：我不反对高层建筑。我反对的是把高层建筑当成纪念碑。传统高楼大厦的建造方法是简单地堆叠所有的空间，创造一个强有力的形象。我反对这种强大的形式主义形象。我认为，如果我们要增加密度，那么人们必须垂直生活就合乎情理了，但你仍然需要为人们设计空间；它不应该只是一个居住的大机器。

所以我的一些高层建筑，没有清晰的轮廓。我想以人的尺度来详细表达自然有机村庄的概念，所以建筑中有不少阳台和花园，比如我在南京做的一个不是很高的高层项目。这个建筑用了很多白色的遮阳百叶，在百叶的后面，每一层都有很多阳台和花园。建筑内部每三层有一个"空隙"，这使得电梯每三层才停一次，人们需要爬楼梯去其他楼层；而这个"空隙"被做成了花园，同时也是社交空间和共享空间。当我们思考人们如何在垂直环境中生活时，这就是我们追求的方向。

陈：你之前说过你的作品正在成熟，你正在思考如何增加个人从"微观"角度上体验空间的方式。比如朝阳公园，你缩小了一些户外区域，让建筑物之间感觉更亲密。

马：我说的"微观"并不是指尺度或空间的大小。就像索尔克生物研究所，我曾去过那里，当时我看到有人在那里哭泣。我不知道这个人为什么哭，但是他们选择坐在那里，面朝大海。我觉得那是个很感人的地方。

陈：这一切是如何运用到你目前最大的项目——卢卡斯叙事艺术博物馆上的呢？

马：我认为有些客户能感受到意象和建筑的美感，即使无法用语言描述，他们也能欣赏其中的逻辑。乔治·卢卡斯就是这类人，他非常特别。我觉得他喜欢我设计中轻松、浪漫的气息。与此同时，该建筑整体布局严谨，其背后有非常理性的思考支撑，所以卢卡斯认为它作为博物馆能够很好地发挥作用，这也为参观者提供了一种新的体验。

我记得我们第一次见面是在开始准备比赛之前。他邀请了几家公司参加，我很好奇他为什么邀请我们，问他对我们有什么期望。他说，我不知道我期待什么，所以我邀请了你们，因为你们都很有创造力。你只需要去基地，看看什么是最合适这个地方的，然后告诉我你的想法。你知道，他最初计划在旧金山用一种完全不同的"新古典主义"建筑来建博物馆。我意识到他是那种需要先看到事物，然后才知道自己想要什么的人。我把我的书给了他，问他喜欢哪个项目。他说："我喜欢这个，我喜欢这个，我喜欢这个。"他喜欢我们之前的很多作品。

我发现他喜欢非常自由、有机，甚至浪漫的建筑，这涵盖了我们所做的很多作品。当时，有五家建筑公司在三天内向他提交了建议。在我提交完后，他说："我喜欢这个。我就要它了。"

陈：所以他是马上做出了回应。

马：是的。我说我的设计表达了我的情感，他立刻就明白了。我不需要解释太多。

陈：科幻呢？它对你的设计有影响吗？我们谈过钱学森，这也让我想起了台湾现代主义建筑之父王大闳，他提出了美国登月纪念碑设计方案，还自己写了一部科幻小说。

马：有趣的是，卢卡斯很喜欢我们的鄂尔多斯博物馆（2011 年在内蒙古鄂尔多斯市完工），所以他才邀请我们。我不知道他是在什么地方看到了这个博物馆的照片。我把它设计成一个在沙漠里着陆的物体，这个灵感来自电影《星球大战》。电影里有一个场景，一艘太空船降落在沙漠中，你可以看到沙子映射在飞船的金属外壳上。很多年前我看到过这一幕，却忘了那部电影是《星球大战》。我只记得那个画面，它不断萦绕在我的脑海里。后来，我试图找到它的出处，结果发现是《星球大战》。

陈：我很好奇，如果我们认为科学应该是可以证明的，那么"科幻小说"这个概念就有一个内在矛盾，就像我们在你的大部分作品中看到的"人工自然"一样，听起来相当矛盾。然而，这些术语可以自洽；它们的内在的矛盾描述了一些新的东西，而且这些最终是可以理解的。也许这就是你的作品和卢卡斯产生共鸣的另一个原因，它植根于某种似是而非的现实，却又让你完全跳脱出那个领域。

马：对，我希望卢卡斯博物馆不是一个独立的个体，而是一个具有自然形态、充满未来感的、与周围的景观和绿意融为一体的建筑。人们可以在与山峦般的博物馆紧密相连的广场上散步。在博物馆的里面，空间是非常流畅的，顶部是一个巨大的有天窗的穹顶，那里有花园和观景台。站在这个观景台上，你会感觉像是在和天空对话，这种感觉非常离奇。我认为这是一种新的建筑，一种新的体验。也许在某些时候，你觉得自己已经不在地球上，而是在月球上了。

陈：这样总结非常精彩。

1.
鱼缸

鱼类的水下世界不同于人类的生存空间，它相对来说摆脱了重力的限制。然而，鱼类通常被安置在一个缺乏想象力的立方体结构中，这是由人类在陆地上的生活方式所决定的。缺乏惊喜、含混性的鱼缸，可以说与典型的现代城市普遍、重复的空间相呼应。而一个鱼缸的成本很低（大约 4 元），这呼应了中国"低价值"人群的无力感。但与城市不同的是，建筑师在试图改善普通金鱼的生活条件时，遇到的障碍相对较少。

为了重新设计鱼缸的形状，马岩松追踪了鱼的运动轨迹。根据鱼的游动路径对鱼缸重新塑形，采用立体光刻模型通过向内推动边界来改变外部空间。他还在鱼缸内创造了新的连接通道，使其进化成更有趣的水下世界。

《鱼缸》的设计通过追踪鱼的行为，来了解空间是如何被个人感觉所定义的。和鱼类一样，人类是有性格和感情的个体，不应该局限生活在普通的几何形状的盒子里。以下项目一改以往的做法，挑战了充斥在城市中量产的呆板建筑，而以大自然为参考，打开了现代主义的方盒子，取消了界限；它们把内部和外部设想为可互换的空间。梦露大厦（第 20、21 页）曼妙的形状，挑战了功能性——通常与塔楼类型相关。受邻近江河的启发，流线型的哈尔滨大剧院（第 30、31 页）则开辟出动态的内部和外部空间以供探索。修长的纽约曼哈顿东 34 街公寓（第 42、43 页）没有考虑典型的平淡无奇的塔楼，而是设计了一个微妙的有机形式，软化了被尖梢刺穿的城市天际线。雕塑般的塔楼——城市森林（第 48、49 页）则通过衔接，强调了浮游花园的形状不规则的楼板，以高密度的自然环境提升了城市的生活方式。

1. 梦露大厦成为加拿大密西沙加市的标志性建筑。

鱼缸

梦露大厦

2006—2012
加拿大
密西沙加

勒·柯布西耶在 20 世纪的著名声明"住宅是居住的机器"体现了现代主义的原则。随着对机器时代的告别，我们的城市规模逐渐超越中央集权式城市组织的原型，这使我们必须考虑建筑应该传达的信息，以及是什么构成了今天的"住宅"。

与北美其他快速发展的边缘城市一样，密西沙加正在寻找一个新的定位。梦露大厦在新兴的传统高层建筑的天际线中创造了一个住宅地标。这个标志性项目提供了一种新型的城市生活方式，它超越了机械的功能堆砌，在密度和差异化上得到了发展。该项目促进了居民和家乡之间的情感联系。

在与彼此和周围环境的对话中，这两座塔看起来就像是被自然魔力所塑造的一样，旋转的大厦与周围的景色交相呼应。这种看似简单的旋转结构，实际上来自围绕核心筒堆叠的椭圆形楼板。连续的水平阳台环绕整个楼层，传统高层建筑中用来强调高度的垂直线条被取消了。光线穿过反光的玻璃表面，响应和放大了天气和周围景物的日间变化情况。当人们走过或开车经过时，这些大厦的形态千变万化，看起来刚柔相济，张弛有度，粗细适宜，既写实又未来主义。它那富有表现力的、诱人的外形让人联想到人类的身体，因此被当地人亲昵地称为"玛丽莲·梦露大厦"。

类型：住宅公寓
状态：已建成
A 座建筑面积：45 000 平方米
B 座建筑面积：40 000 平方米

鱼缸

2. 因这个蜿蜒的设计而被当地人称为"玛丽莲·梦露大厦"。

3. 连续的阳台包裹着立面, 每个住宅单元都有一个室外空间, 可以看到天空。

3.

4.　　两座大厦之间的空间也和建筑本身一样充满动感。

5.　　如剖面图所示,梦露大厦看起来复杂的形式是因为
　　　它创造了一个合理的核心筒。

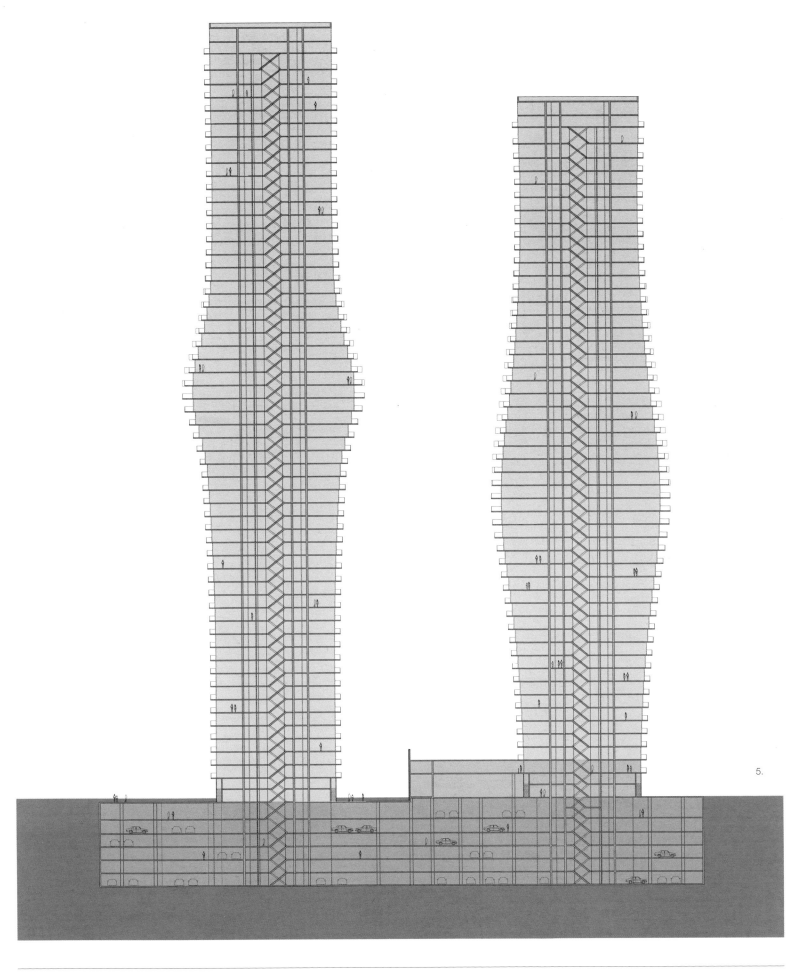

5.

梦露大厦

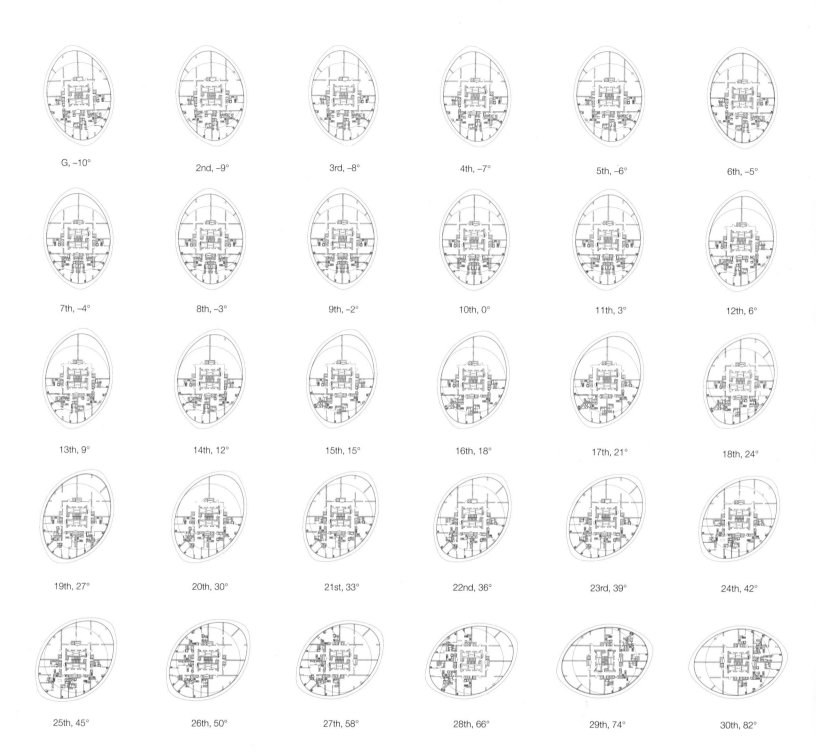

G, −10°   2nd, −9°   3rd, −8°   4th, −7°   5th, −6°   6th, −5°

7th, −4°   8th, −3°   9th, −2°   10th, 0°   11th, 3°   12th, 6°

13th, 9°   14th, 12°   15th, 15°   16th, 18°   17th, 21°   18th, 24°

19th, 27°   20th, 30°   21st, 33°   22nd, 36°   23rd, 39°   24th, 42°

25th, 45°   26th, 50°   27th, 58°   28th, 66°   29th, 74°   30th, 82°

6.　　一模一样的平面图，围绕中心做不同程度的旋转，
　　　从而在每一层都产生了一个独特的平面。

鱼缸

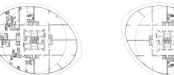

| 31st, 90° | 32nd, 98° | 33rd, 106° | 34th, 114° | 35th, 122° | 36th, 130° |

| 37th, 138° | 38th, 146° | 39th, 154° | 40th, 159° | 41st, 165° | 42nd, 165° |

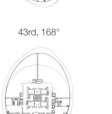

| 43rd, 168° | 44th, 171° | 45th, 174° | 46th, 177° | 47th, 180° | 48th, 183° |

| 49th, 186° | 50th, 189° | 51st, 192° | 52nd 194° | 53rd, 195° | 54th, 196° |

| 55th, 197° | 56th, 198° |

1.

鱼缸

哈尔滨大剧院

2010—2015
中国
黑龙江，哈尔滨

哈尔滨大剧院坐落于松花江北岸江畔的哈尔滨湿地内，以周围的湿地自然风光及北国冰封地貌为设计灵感。这座建筑如同由风雨雕琢而成，与自然和地形浑然一体。该项目捕捉了城市与景观之间的动态关系，旨在将人类精神与自然联系起来。

受当地环境的影响，蜿蜒起伏的大剧院建筑群在冬季的数月里掩映于周围的雪丘之中，与静静地矗立在松花江南岸的城市塔楼形成了鲜明对比。哈尔滨大剧院强调公众与建筑的互动和对建筑的参与。持票者和普通大众都可以像穿越当地的地形一样，探索建筑立面的隐蔽通道，登上建筑俯瞰哈尔滨市。大剧院的外立面由银白色铝板覆盖，形象地表现了风雕雨琢的造型，这个主题一直延续到室内空间。

一个由玻璃锥体构成的轻质斜肋构架结构高耸在大厅上方，让阳光充满整个空间。它晶莹剔透的格子状表面，在大厅的弧形墙壁上投射出变幻莫测的光影。夜晚，大剧院顺滑的表面像一盏冰灯一样荧荧发光，在冻土带中为人们提供了一丝暖意。

大剧院内部仿佛是一整块被轻微风蚀的木头。游客们可以通过建筑中心的旋转楼梯攀登而上，楼梯外面包裹着质感温暖的木质饰面。这条楼梯通向拥有约 1600 个座位的主剧院，剧院的前台、观众席和阳台也被柔软的木材包裹。木材雕刻通过数控技术和当地工匠的手工制造而完成。哈尔滨大剧院通过采用当地的劳动力和手工技术，支持了有淘汰风险的传统手工艺行业的发展。这座建筑将中国传统手工艺与先进的数字制造技术结合在一起。

建筑团队采用了一个概念性的叙事手法，把游客变成了表演者。作为未来的文化空间，哈尔滨大剧院既是一个巨大的表演场地，也是一个融入了当地特征、艺术和文化的公共空间。

类型：城市歌剧院
状态：已建成
建筑面积：12 959 平方米

鱼缸

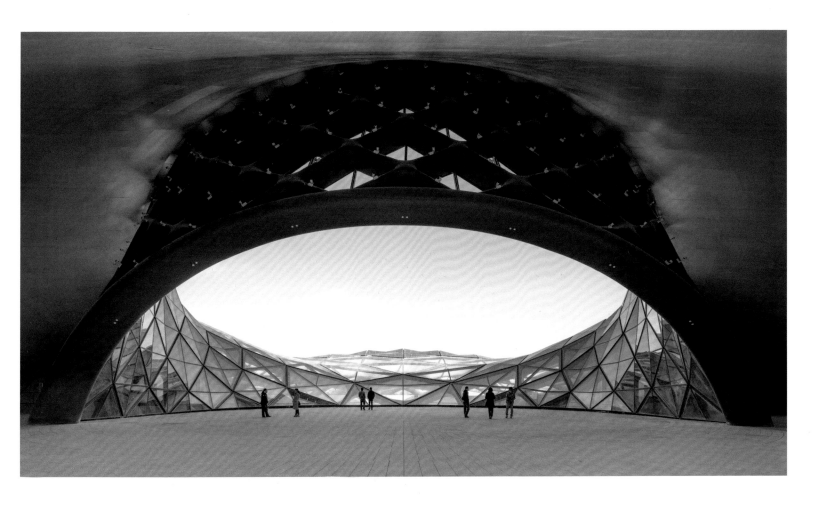

1. 哈尔滨大剧院的流体形式体现出周围湿地的动态
环境。

2. 丝带状的立面上嵌有通道，游客沿着建筑物攀登，
仿佛穿越了当地的地形。

3. 建筑顶部的露天剧场将游客与天空连接起来。

3.

4. 大厅充满了来自上方锥体玻璃天窗的自然光, 为空
    间和大楼梯增添了温暖。

5. 大剧场的夹层和楼座都用保温的水曲柳包裹, 进一
    步提高了空间声学效果。

鱼缸

哈尔滨大剧院

鱼缸

6.　大楼梯结合了数字制造技术和当地传统手工艺。

7.　大剧场让人联想到乐器的内部，自然光洒落在下面
　　的座位上。

7.

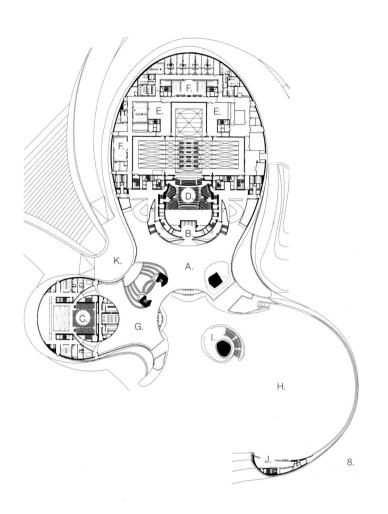

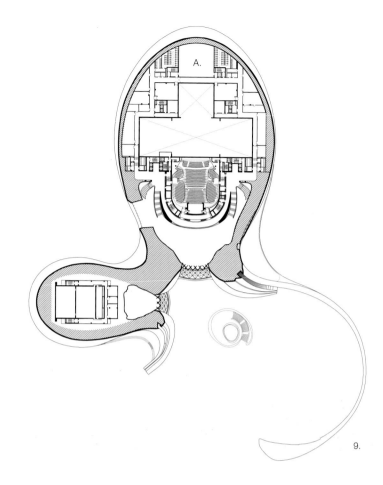

8. 一楼平面图

    A.大厅
    B.行李寄存处
    C.小剧场
    D.大剧场
    E.后台
    F.大楼梯
    G.小剧场大厅
    H.前院广场
    I.下沉式花园
    J.售票处
    K.车库入口

9. 二楼平面图

    A.排练厅

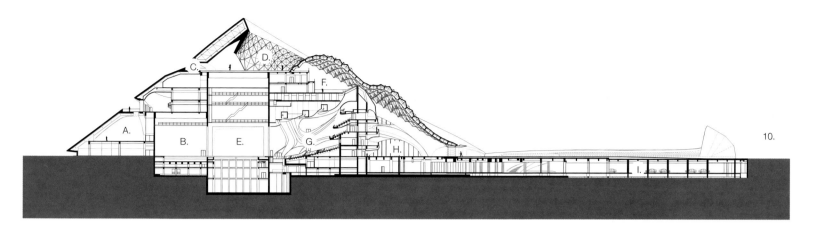

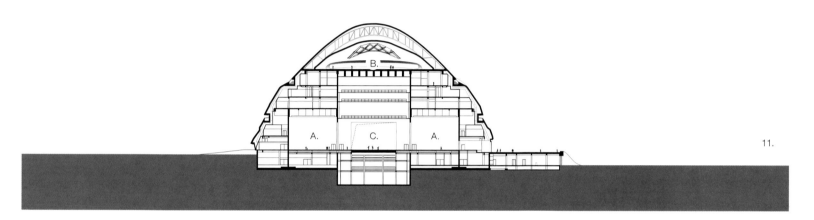

10. 纵剖图

    A.排练厅
    B.后台
    C.观景台
    D.屋顶露天剧场
    E.舞台
    F.天台大厅
    G.大剧院
    H.大厅
    I.车库

11. 横剖图

    A.舞台侧翼
    B.屋顶表演露台
    C.舞台

1.   随着造型轻盈的纽约曼哈顿东34街公寓向纽约的
天际线延伸, 它的渐变色尖梢逐渐消隐其中。

纽约曼哈顿东34街公寓

2015
美国
纽约

摩天大楼鳞次栉比的纽约，是超高层建筑的故乡。与帝国大厦毗邻的纽约曼哈顿东 34 街公寓，引进了纽约的现代景观与自然之间的对话。无论是城市的网格式布局，还是棱角分明的建筑，纽约的轮廓线都体现了效率的最大化，而从街道上蜿蜒向上伸展的纽约曼哈顿东 34 街公寓柔和的、起伏的立面，创造了和谐的住宅空间。

冲向天际的传统摩天大楼展示了权力和资本的文化冲击力，以及以往工业时代的权威，而纽约曼哈顿东 34 街公寓像种子一样被种植在网格中。随着建筑物向上延伸，其轻柔的造型使人联想到一座鲜活的建筑；深色玻璃幕墙正面慢慢消失成一个透明的尖梢，融入天空，软化城市坚硬的天际线。建筑拥有一个以室内丛林为特色的中庭，迎接来自混凝土森林的居民和游客。

通过在整个建筑中穿插两层高的公共区域和商业零售设施，该设计为居民创造了相互交流的机会，让他们体验新型的"城市生活的自然气息"。这座纤细流畅的建筑包含了底层的零售区域和上面超过 40 层的住宅区。

类型：住宅、零售
状态：提案
建筑面积：11 148 平方米

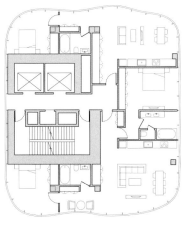
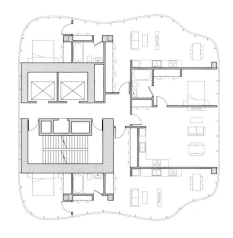
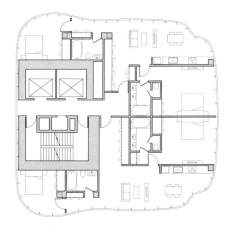
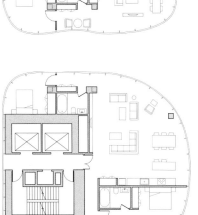
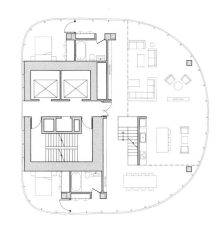
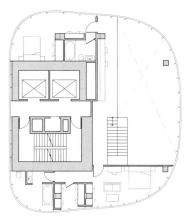

2.

2. 偏离中心的核心筒最大限度地提高了狭小基地的
   使用效率;房间位于核心筒周围,最大限度地开阔
   了视野。

3. 如剖面图所示,住宅始于公寓底部的较高楼层,以
   便人们能无障碍地观赏城市景观。室内中庭花园为
   主要设施,占有重要地位。

4. 纽约曼哈顿东34街公寓为城市僵硬的天际线引入
   了柔和而有机的形式。

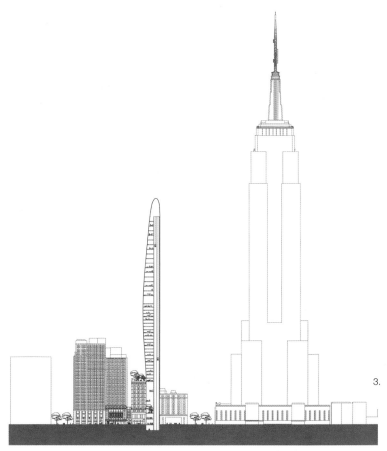

3.

4.

1.　城市森林将自然带入城市，为居民提供空中花园。

2.　概念草图。

1.

城市森林

2009
中国
重庆

1997 年，重庆成为中国第四个直辖市。这标志着中国西部内陆城市进入发展的时代，同时是对中国大规模城市化的一个挑战。受传统山水画的启发，在自然与人工建筑物和谐共生的情况下，城市森林重新定位高层建筑不仅仅体现在奇特的造型，还提出了一个包括空中花园、大型露台和公共空间在内的垂直城市生活系统。

城市森林将自然重新纳入高密度城市环境中，使人们对可持续性的认识发生概念上的转变，这是现代全球城市所缺乏的情感。城市化在宏观上推动了经济繁荣，但却常常忽视了像重庆这样的新兴城市的文化特征。在西方现代城市的发展历程中，高层建筑成为技术的竞争品、权力的俘虏和资本的象征。同样，绿色生态更多是被转化为对舒适度的要求，而忽略了人们寄托在自然山水之中的情怀。

城市森林不像典型的高层建筑那样强调垂直的力量，倒像是城市中的一个鲜活的生命体。该建筑将商业办公空间和住宿酒店交织在一起，形成了复杂的多维空间。楼板围绕着中央的核心筒相互偏移，形成光线充沛的办公室和浮游的平台。空中花园里阳光普照，免受楼下令人窒息的混凝土世界的干扰。

在这样的高层环境中，居民与自然不期而遇，人性得到滋养。城市森林将不再是平庸的城市机器，而是在钢筋混凝土耸立的城市中心里自然呼吸的人造有机体。

类型：商业、办公室、酒店
现状：提案
建筑面积：216 000 平方米

2.
墨冰

书法展览开幕式当天的凌晨，一个 2.7 立方米的黑色冰块被放置在北京中华世纪坛的广场，连续三天，冰块在夏日的阳光和风的作用下融化。

这个冰块由水和不同浓度的松烟墨水制成，总重量为 27 吨。受太阳、风和温度等自然力量的影响，堆叠的冰砖融化成紧凑的有机几何形状，融化的墨水顺着场地流向各个方向，继而这些带洞的冰砖化为一摊静止的黑水。

在这三天中，除了地面上留下自然流动的黑色印记，物质消失了，连抽象的符号形式也消失了；只留下时间的痕迹和在墨迹中无限想象的空间。

《墨冰》诗意地模糊了建筑与公共空间以及城市空间之间的界限。随着建筑体量融为自然景观的形状，接下来的多孔的墨冰内部和流淌的墨水，暗喻了暴露于环境元素之中的建筑。

表面平滑，带有脊线的朝阳公园广场阿玛尼公寓建筑群（第 54、55页），表现了遭受大自然侵蚀、美若风化岩石般的塔楼。同样，卧式中国木雕博物馆（第 64、65 页）扭曲的形状，来源于木材的扭曲。卢卡斯叙事艺术博物馆（第 72、73 页）创造了一个与自然的情境对话，灵感来自基地的历史和未来。四叶草之家（第 78、79 页）通过剥离现有老住宅表层的一系列操作，在传统形式中创造了一个充满活力的室内空间。无论是融化形状的加拿大 n 大厦（第 84、85 页），还是通过褶皱立面保持了一种可控的几何形状的台中会展中心（第 90、91页），都是既有表演性又有审美性的建筑；这个包裹建筑的表皮系统也包含了自然元素，即新鲜空气和阳光的入口。

墨冰

1.

朝阳公园广场

2012—2017
中国
北京

朝阳公园广场的北部以北京最大的城市公园——朝阳公园为界。现代城市的总体规划通过铺天盖地建造更高、更坚固的高层建筑，表达了资本和权力的强大影响力。最终，这种对城市的粗暴做法与现有的环境和公园形成了鲜明的对比。

另外，朝阳公园广场创造了人工景观和自然景观之间的对话。它把中国古典山水画的特色——湖泊、泉水、森林、山谷、石头——融入当代城市中，在自然与高密度城市之间寻找平衡。典型的城市街区开发，要划定城市与公园的边界，而这里则是用一对塔楼来界定，它们作为邻近绿地的有机组成部分出现在公园边缘。就像高山流水的意境一样，这对明显不对称的塔楼，创造了一个戏剧性的天际线。脊线沿着立面向下延伸，着重强调了垂直度，暗示着在自然侵蚀过程中，塔楼已经被风化得十分平滑。

景观元素增加了塔楼内自然景观的感觉。立面上的玻璃脊不仅创造了视觉冲击，还起到了将新鲜空气吸入内部，并向上穿过大楼的内部通风系统的作用。复杂的玻璃立面勾勒出自由的曲线轮廓，同时保持了类似岩石切片的、合理结构的楼层平面图。高耸的中庭花园伴随着大厅里的潺潺流水，再现了山谷的风貌。在塔楼的顶部，从多层次的花园露台可以看到广场下面的"山谷"和较远处的朝阳公园。塔楼的南面是一系列中低层的办公室和住宅楼，外立面和平台被黑色的弧形玻璃包裹。较低建筑群中心的四个小建筑，形状类似河流中光滑圆润的石头，它们布局巧妙，错落有致，相互退让，同时也形成一个有机整体。这些小规模建筑之间的通道，为居民提供了在山林中漫步的自由。通过探索现代建筑、城市生活和环境之间的共生关系，朝阳公园广场创造了一个人们可以分享归属感的和谐空间。

类型：办公室、商业、住宅
现状：已建成
建筑面积：223 009 平方米

墨冰

2.

1.　高耸的塔楼仿佛从地面破土而出。

2.　线条柔和的塔楼高高耸立，可以一览周围的城市景
　　观和朝阳公园的美景。

3.　低层建筑模仿花园的踏脚石，创造了动态的公共广
　　场空间。

3.

4–5.

4.　在大厅里连接两座塔楼的通高大堂。

5.　反射池在视觉上将建筑无限地向地面外延伸。

6.　建筑之间的通道诱导公众探索远处隐藏的花园广场。

朝阳公园广场

6.

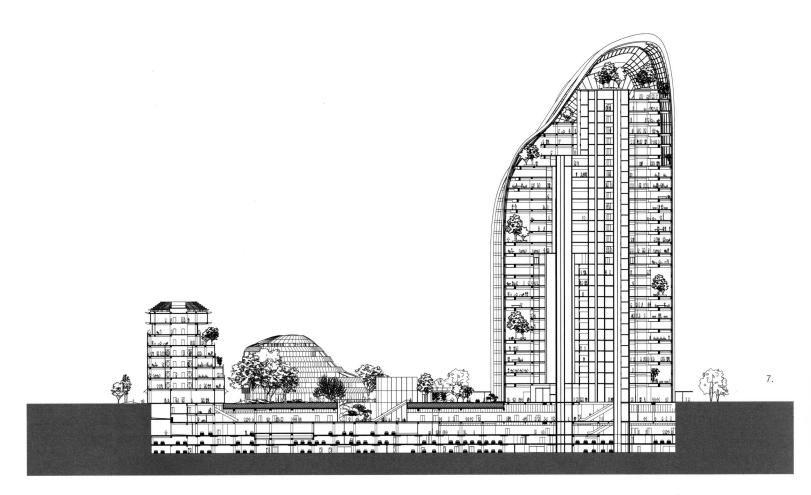

7.

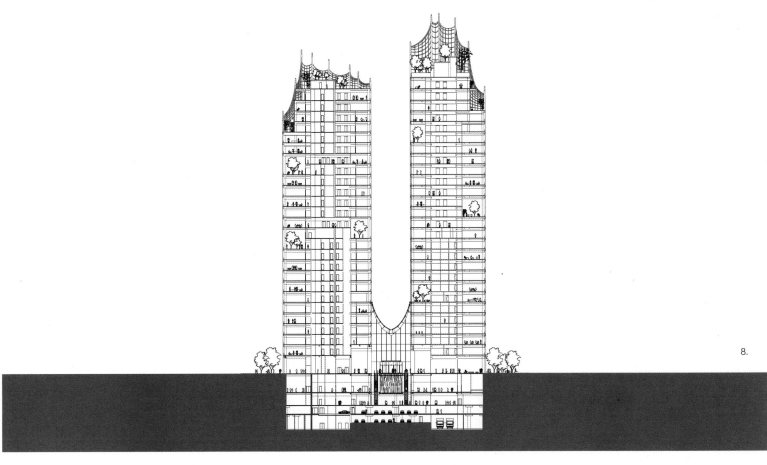

8.

墨冰

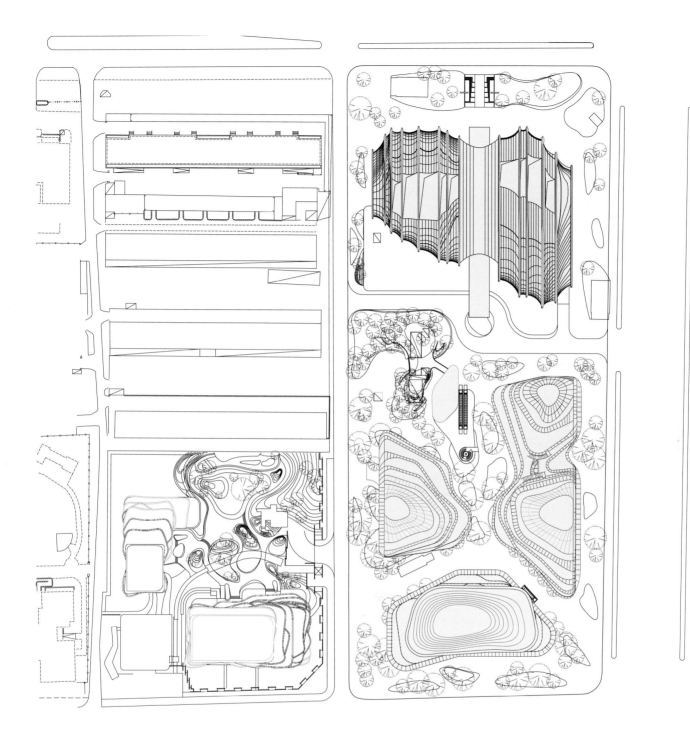

9.

7. 纵剖图展示了不同的类型: 低层公共空间与自然紧
    密结合。

8. 横剖图显示贯穿两座塔楼的中庭花园空间, 以及连
    接瀑布的大厅和观景平台。

9. 作为邻近公园空间的延续, 基地平面图上每个建筑
    之间的有机空间都允许人们漫步。

1. 博物馆扭曲的形状仿佛是被冬天的北风雕琢而成，
    与哈尔滨严酷的天气相呼应。

中国木雕博物馆

2009—2013
中国
黑龙江，哈尔滨

中国木雕博物馆起伏的造型，在哈尔滨这个繁华的大都市中显得格外醒目，与背后林立的高楼形成鲜明的对比。

博物馆的设计源自狭长的基地，并受到了哈尔滨特有的冰雪景观——大量的冰雪被冻结在原地——的启发。博物馆的外形混沌而抽象，通过模糊固体和液体之间的边界，创造出了一个"似是而非"的新的抽象设计。

建筑外墙由抛光的钢板覆盖，映出周围环境并捕捉北国特有的明艳阳光。密闭的外壳确保了建筑很低的热损耗，凸起的天窗将扭曲的表面分割开来，从而引入北方低纬度的阳光。天窗的设计为三个中庭空间带来了充足的自然照明。

博物馆的藏品包括具有地方特色的木雕作品以及北方冰雪画。在当今大规模的现代城市建设中，博物馆本身就是对自然的再次阐释。形状奇特的木雕博物馆与城市之间的超现实主义互动，打破了僵化的城市面具，并赋予这个社区以新的文化特征。

类型：博物馆
状态：已建成
建筑面积：12 959 平方米

2. 为博物馆的收藏内容和规划提供线索，设计的强烈
   雕塑形式类似传统的木雕。

3. 立面的反光不锈钢包层和流水般的轮廓曲线，映射
   着周边的环境和变幻的阳光。

中国木雕博物馆

4. 该博物馆起伏的水平造型，参考了当地的冬季景观，看起来犹如一股冰雪洪流被冻结在空间中。

5—8. 剖面图展示了带有模仿木头扭曲轮廓的雕塑空间，并展示了自然光是如何从上面的天窗射入大厅和展览空间的。

9. 一楼的平面图展示了展览空间和通道是如何在狭窄受限的基地上最大化的。

10. 二楼的平面将预设的展览空间与行政办公室结合起来。

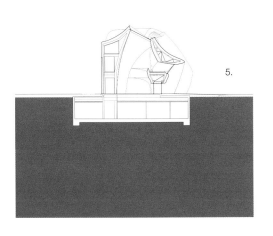
5.

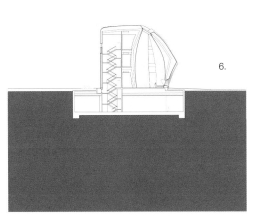
6.

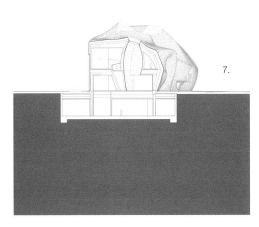
7.

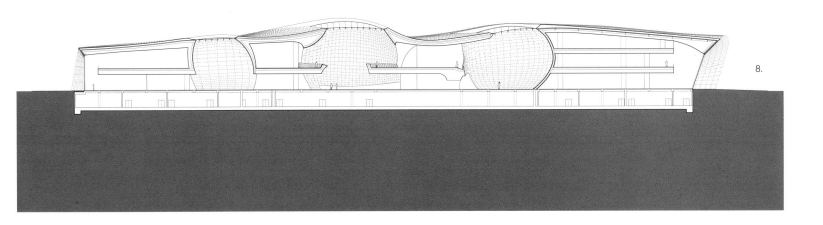
8.

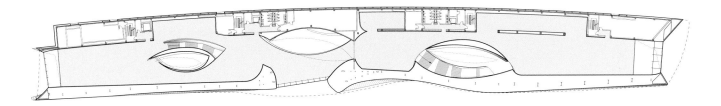
9.

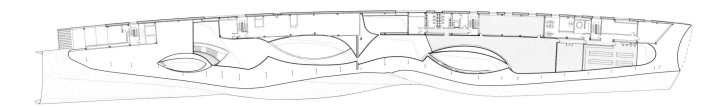
10.

1.　博物馆模型，建筑的首层地面及屋顶是巨大的公共
　　空间，回归给城市及市民共享。

卢卡斯叙事艺术博物馆

2014—2023
美国
洛杉矶

2014 年，MAD 建筑事务所于国际设计邀请赛中胜出，获得了卢卡斯叙事艺术博物馆的设计权。这座占地约 44 000 平方米的博物馆将是 MAD 在美国落成的第一座博物馆项目。

位于洛杉矶博览园（Exposition Park）内的博物馆犹如博览园的门户，轻然"降落"在公园的自然环境中，又像是一艘"漂浮"着的未来战舰，以神秘且超现实的姿态，欢迎四方八面的人们前来感受及欣赏这片文化乐土。建筑内部仿佛一个巨大的明亮而开放的洞穴，天光充满了空间，带领人们通往不同的设施。建筑的首层地面及屋顶是巨大的公共空间，回归给城市及市民共享。人们可在此运动、休憩，与周边的自然环境进行对话，在城市环境中最直接地感受自然。

卢卡斯叙事艺术博物馆不仅仅由一系列展览空间构成，还包含电影院、咖啡馆、餐厅以及一座图书馆，为市民活动提供了充分的公共空间。这座五层的博物馆是美国电影艺术大师、"星球大战之父"乔治·卢卡斯的个人项目，馆内将聚合关于视觉叙事、代表艺术及移动影像最高演化水平的馆藏、电影及展览。博物馆馆藏价值至少 4 亿美元，全由卢卡斯夫妇捐献，其中包括超过一万幅画作、插图及电影纪念品。卢卡斯称"这座博物馆的终极及全部意义，在于去启发人们的想象力，让人们拥抱艺术创造的一切可能性"。

类型：博物馆
状态：建造中 [1]
基地面积：约 11 英亩，44 000 平方米

1 2017年卢卡斯叙事艺术博物馆宣布移址洛杉矶博览园，设计也做了改动，博物馆预计2023年开放。

墨冰

2. 博物馆位于洛杉矶博览园的门户位置，首层可引导市民进入园区。

4.

3. 博物馆漂浮在城市上空，呈现出神秘且超现实的姿态。

4. 正在建设中的卢卡斯叙事艺术博物馆。

フローラルコート

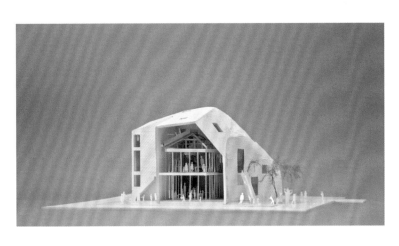 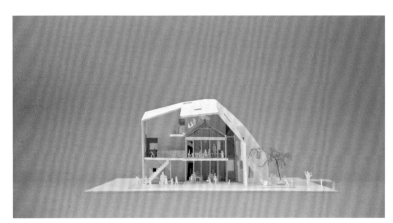

1. 建筑模型展示了一个包裹着旧有结构的、有趣的新
   外壳。

墨冰

四叶草之家

2012—2015
日本
爱知县，冈崎市

四叶草之家是一个像家一样的幼儿园，其有趣的建筑姿态激励着下一代的孩子。该项目位于日本爱知县的冈崎市，它将一个传统的日本住宅改造成一个充满活力的儿童空间。坐落在稻田旁边的这座建筑的形状，让人想起一个神秘的洞穴和一个游击式城堡。这个项目是一个全面的庇护所：白天是教育场所，晚上是教师们的住处。

四叶草住宅的改造始于对原有的两层 105 平方米住宅的调查。作为标准化、大批量生产的住房，木框架结构是该街区的建筑标志。木结构的宝贵遗产激发了 MAD 的适应性重用设计，原住宅的标志性山墙屋顶被重新利用，以创造一个充满活力的室内空间，向原始建筑的记忆和结构表示敬意。

与原住宅的装配式成品房屋相比，新幼儿园的三维木框架呈现出一种有机的、动态的形式。用一层表皮包围木结构，设计概念上和空间上模糊了新旧住宅之间的区别。屋顶与立面形成一个连续的表面，将整个结构包裹在一个有趣的纸状防水沥青外壳中。阳光穿过形状独特的窗户进入室内，创造出变幻莫测的光影，激发学生的好奇心和想象力。

类型：幼儿园、住宅
状态：已建成
建筑面积：300 平方米

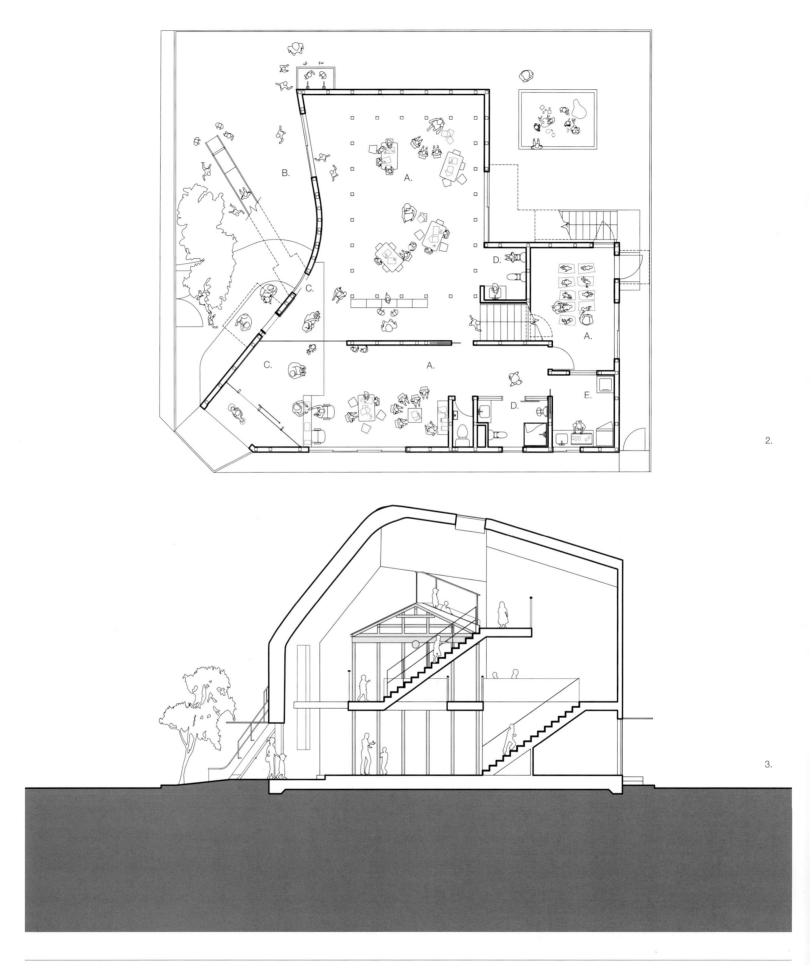

2.

3.

　　　　　　　　　墨冰

2.   平面图   4.

      A.教室
      B.操场
      C.入口
      D.浴室
      E.厨房

3—4. 老房子的结构与一个双层高的开放式游戏室相
      连。

1.　加拿大n大厦独特的形式是垂直和水平相搭配的结
　　果，让人们重新认识了住宅楼。

1.

加拿大n大厦

2015
加拿大
多伦多

在现代城市中，高层建筑普遍从城市网格中垂直拔地而起。然而，位于多伦多市中心的加拿大 n 大厦的设计挑战了通常的塔楼概念。在这个充满大批量生产的高层建筑的城市里，加拿大 n 大厦的优美曲线与目前的直线形城市天际线形成了鲜明的对比。它从地面直冲天际，在顶端优雅地弯曲，然后折回地面。受自然的启发，这个概念性的姿态重新考虑了高层建筑物的结构，并将垂直和水平方向结合在一个建筑中。与周围静态的垂直塔楼不同，加拿大 n 大厦象征着城市环境下的运动和自然增长。

n 大厦楼层规划的创新性设计方案将海滨景观融入生活空间。每层楼板的扇形边缘使所有单元都面向湖面。同心平台增强了社区意识，同时最大限度地暴露在水边。该项目在保持周围建筑语言的同时，也在城市中创造了独特的有机轮廓。它包括大堂之上的 48 层的住宅单元和一楼的零售空间。

在加拿大 n 大厦的最高点，从连接两座大厦的空中花园，可以一览多伦多的壮观景色。塔楼动态蜿蜒的扭转，保持了其优雅的姿态，这种创新但可行的构造，为城市增添了一个标志性的建筑。加拿大 n 大厦为多伦多和内港带来活力，其独特的造型重新激活滨水区，代表了自然和人工建造物之间，以及多伦多的过去和未来之间的门户。

类型：住宅
状态：提案
建筑面积：134 500 平方米

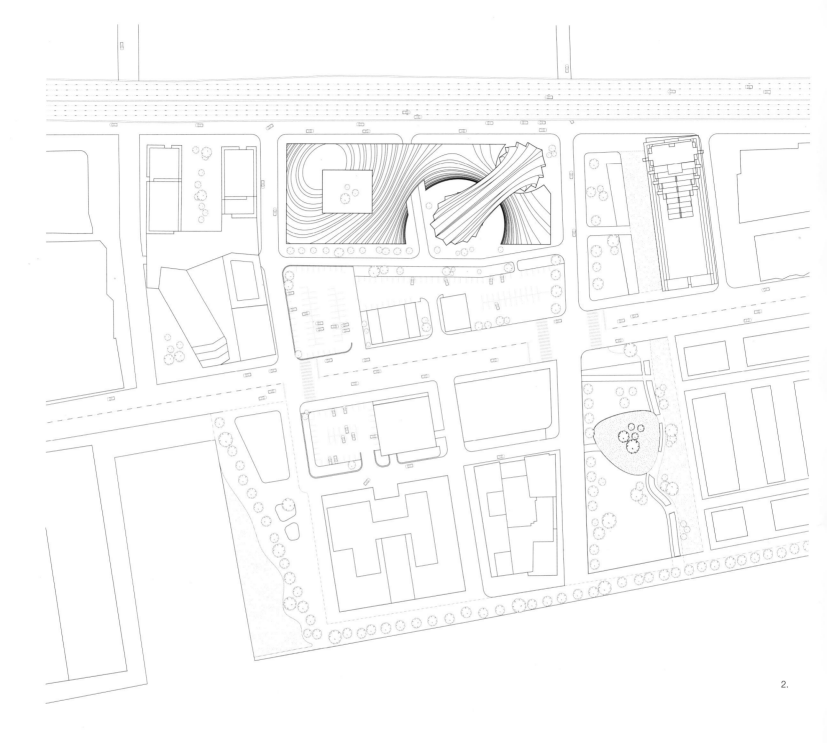

2.

2. 在现有的直线形城市网格的平面图中, 该项目的造型独树一帜。

3. 扇形立面为每个住宅单元提供了海滨景观, 为了获得前所未有的景观, 顶层设有一个空中花园。

3.

加拿大n大厦

墨冰

1.

台中会展中心

2009
中国
台湾，台中

台中会展中心响应城市的要求，重塑城市生活，重新定义城市的文化景观，推动城市进入全球舞台。像这样的当代地标性建筑，不应再单纯考虑高度和视觉上的冲击力，而应着眼于文化探究和建筑物与自然的关系。同样，它们也应该培养公众的想象力，激发公众的交流。

这些愿望在台中会展中心得以实现，褶皱状的"山体"模糊了建筑、公共空间和城市景观之间的界限。连绵起伏的建筑群将建筑和景观结合在一起，取代了通常情况下同质化的方块建筑。在创造建筑的山地形态时，实体周围的围合空间也受到关注；在这个丰富的空间里，设计师们发现了创建峡谷、庭院、花园和水池的机会。由此产生的火山口般的地形进一步增强了空间和形状之间的张力，以及人造世界和自然世界之间的对话。

建筑表皮覆盖着一系列由绿色高科技材料构成的复合生态皮肤。它的褶皱状外表皮为建筑提供自然的空气流动，同时收集太阳能并维持最低的能耗。该建筑的核心暗示了一种情感构想：开放的室内庭院创造出有节奏的模式，参考了紫禁城和中国古代园林的空间秩序与建筑风格。在这里，非物质的属性（树木、竹林、池水成为空间的主体）得以提升，空间充满了超然的情怀。会展中心体现了建筑将人与自然，以及人与人之间联系起来的巨大潜力。

类型：办公室、酒店、零售、展览、会议厅
现状：提案
建筑面积：216 161 平方米

1. 温暖的自然光透过天井照亮了室内的中庭。

2. 建筑物之间的空间代表了人们的思想和心灵的中心。

3—4. 每个剖面都展示了光、空气和水等自然元素是如何
在各种建筑类型及庞大的建筑群中协调的。

2.

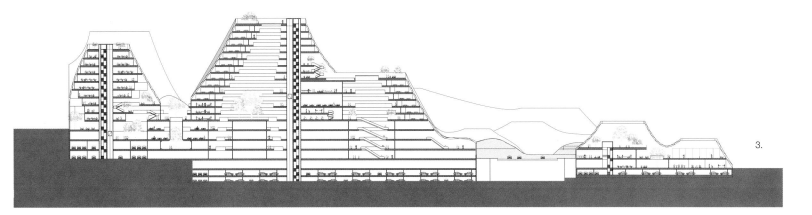

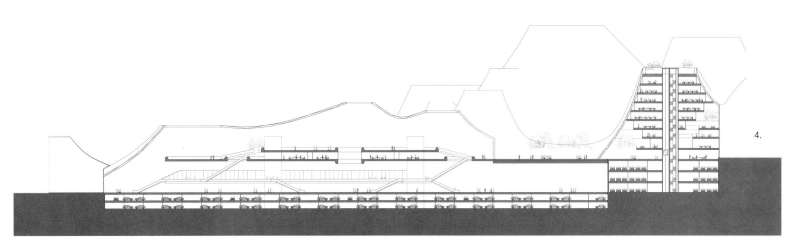

3.
感觉即真实

奥拉维尔·埃利亚松和马岩松通过一个巨大的装置作品——《感觉即真实》（2010 年），挑战了我们的日常空间定位模式。当人们在大展厅中穿行时，彩色的荧光灯和弥漫的浓雾带，从根本上降低能见度，明确地赋予空间体量，这时就需要新的感知模式。设计师们进一步改变空间意识，地板、墙壁和天花板表面的倾斜和弯曲，迫使游客重新调整他们的身体平衡。该装置的效果强调了移动的身体对周围环境的感知所起的关键作用。

空间和光线让人得以体验存在感。如果让光线和阻隔消失，那么空间就不存在。空间从未存在，它只存在于我们特定的感觉当中。空间是真实的，但需要我们去感觉。我们的感觉和认知能力在习惯的世界中认识现实。直至闭上双眼，才能从本质上感受世界；空间和光明才会触及你的灵魂。

——马岩松

以下项目与装置《感觉即真实》的体验效果类似，试图通过由光线塑造的独特空间来挑战我们的日常感知：本章的每个项目都是以建筑规模实现的艺术作品。

鄂尔多斯博物馆（第 98、99 页）是在概念上用自然光雕刻出洞穴般的内部空间。红螺会所（第 110、111 页）似乎悬浮于水面之上，透过截面的变化和建筑材料的反射，在概念上操控空间。假山的名字来源于其生动粗犷的外形，它的立面（第 116、117 页）镂空，允许光线通过，并沿建筑边缘设计了阶梯状的平台。湖州喜来登温泉度假酒店（第 124、125 页）是引人注目的弧形建筑，在不同的光照条件下变幻多姿，并通过水面的反射产生短暂的光影合一的效果。三亚凤凰岛（第 130、131 页）的阳台和立面，通过独特的光线和体量组合，呈现出横跨多个塔楼表面的图案。平潭艺术博物馆（第 136、137 页）挑战了白色盒子类型的展厅，它提供了类似洞穴的室内空间，创造了一种新的构造体验，并鼓励空间探索。

感觉即真实

1.

鄂尔多斯博物馆

2005—2011
中国
内蒙古，鄂尔多斯

多年前，内蒙古鄂尔多斯新城还是一片戈壁荒野；今天，它是自治区内一个不断发展的中心城市。2005 年，鄂尔多斯市政府为城市发展制定了新的总体规划，并委托 MAD 在鄂尔多斯的新行政文化中心设计博物馆。

无论是这座城市，还是鄂尔多斯博物馆，都让人觉得既熟悉又与众不同。它们仿佛是从另一个世界降落到沙漠中，又仿佛是一直存在的。博物馆飘浮在蜿蜒的沙丘上，似乎是在向已经被新城市的直线街道和建筑物取代而成为历史的自然地貌致敬。这个沙丘形成了一个宁静的广场，是当地市民最喜欢探索、玩耍和休闲的地方。

建筑的金属外表皮将内外隔绝的同时，也对其内部的文化和历史片段提供了某种保护，来反驳现实中周遭未知的新城市规划。

步入博物馆后，呈现在人们面前的，是与金属外壳形成强烈对比的一个明亮而巨大的洞穴。画廊和展厅之间开辟出一个空隙，内部如同一个峡谷。人们在空中的连桥中穿梭，好像置身于既古老又有未来感的戈壁景观中。在这个明亮的峡谷空间的底层，市民可以从博物馆的两个主要入口进入并穿过博物馆而不需要进入展厅。博物馆的办公室和研究员工作室共享一个朝南的室内花园，这为员工提供了充满自然感的工作环境。

在熟悉的沙漠景观中，博物馆抽象地呈现出一个试图暂停时间和空间，以及人们想象力的陌生形象。该博物馆为当地居民提供了一个拥抱和反思城市快速发展的地方。

类型：博物馆
状态：已建成
建筑面积：41 227 平方米

1.　　熟悉而独特的鄂尔多斯博物馆的未来主义形式，与
　　　当地文化形成鲜明对比。

2—3.　在阳光的照射下，游客们在画廊之间穿梭，就像在
　　　天然的峡谷中穿行。

　　　　　　　　　　　　　感觉即真实

3.

鄂尔多斯博物馆

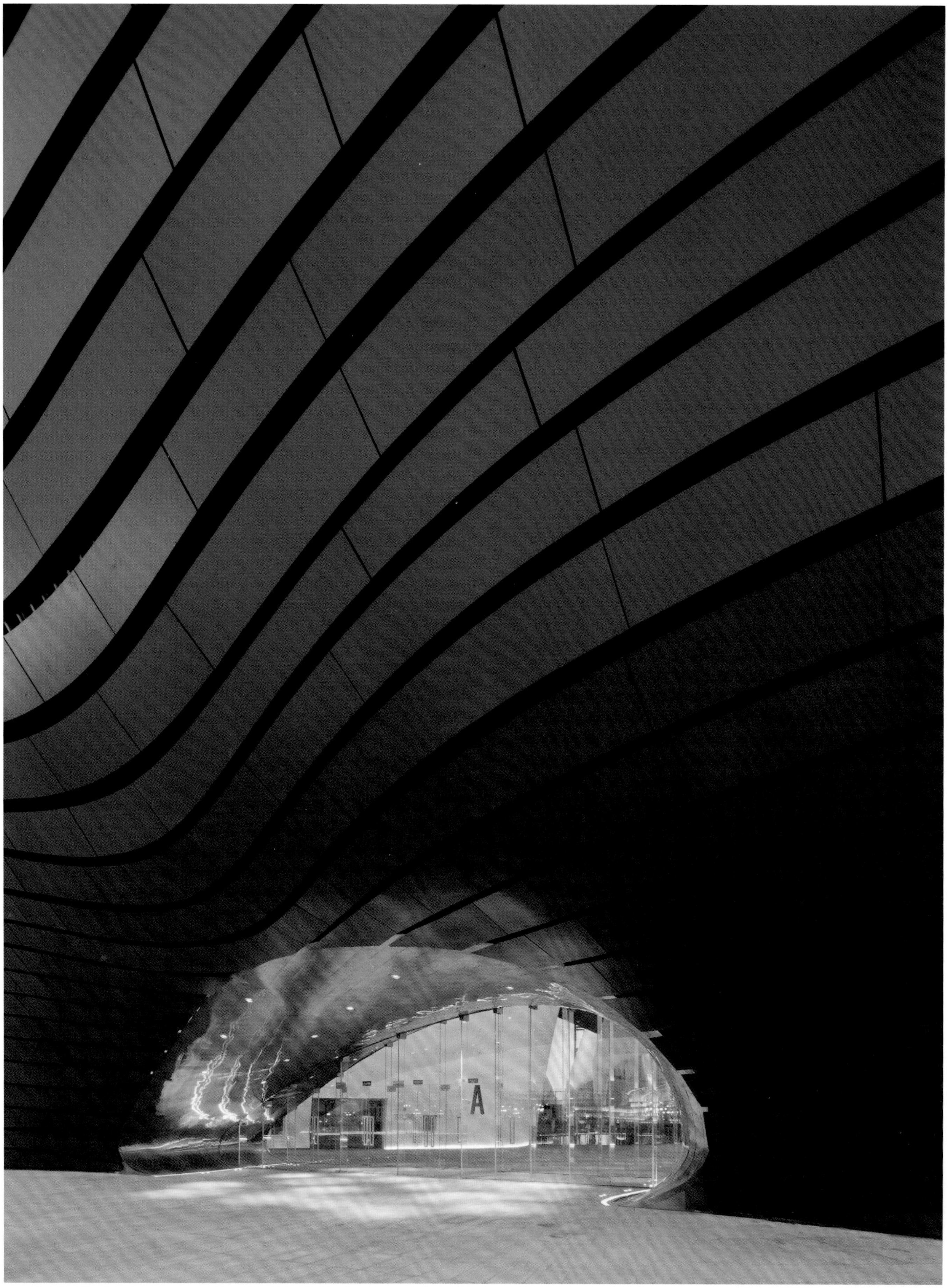

4.

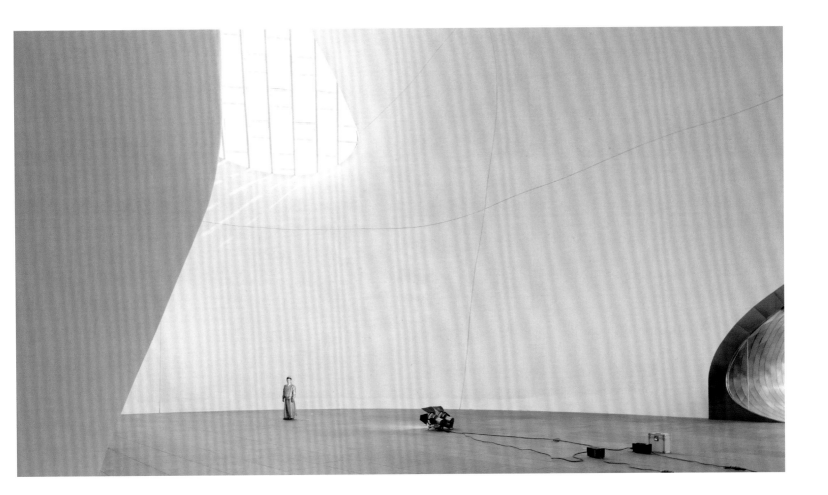

4. 外部覆盖着一层金属外壳，这是抵御恶劣气候的防御措施。

5. 尽管它是一个整体，但形状柔和的天窗让自然光线充满内部。

5.

感觉即真实

6.

A.
A.
A.
B.
C.
D.
E.
7.

6. 自然光照射在办公室大堂内部的木质表面。

7. 剖面图

    A.展厅
    B.餐厅
    C.厨房
    D.停车场
    E.文化展厅

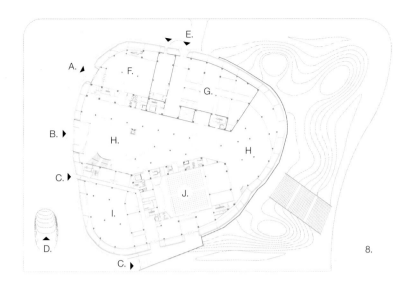

8.

10.

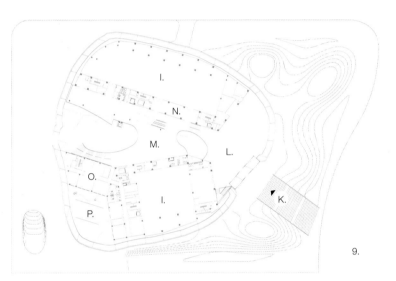

9.

11.

8—11. 平面图

     A.餐厅入口
     B.博物馆入口
     C.办公室入口
     D.停车场入口
     E.艺术品装载入口
     F.餐厅
     G.文物保护实验室
     H.次入口大厅
     I.展厅
     J.报告厅
     K.博物馆主入口
     L.主入口大厅
     M.平台
     N.礼品店
     O.办公室
     P.庭院
     Q.储藏室

12.   中央峡谷的底部连接着博物馆的两个主入口,市民
     们可以自由穿过博物馆,而不需要进入展厅。

12.

鄂尔多斯博物馆

1.　　　红螺会所由一座木桥连接, 漂浮在水面上。

1.

红螺会所

2006
中国
北京

红螺别墅区位于北京的北部，正好在城市的外围。红螺会所坐落在红螺湖畔的一片湖光山色之中。一座木桥通向水中的一块形状不规则的平台，在湖的中心为社区提供了一个聚集的场所。

会所的结构似乎是从湖里向上生长出来的。从水中升起的反光银色三维曲面，包裹着屋顶和墙壁。连续的曲面模糊了固态和液态、建筑与周边环境之间的界限。

从上面看，屋顶柔软的"X"形在平台下被扭曲，作为两个分支伸入湖中。第一个分支形成了一个位于水平面下 1.3 米的下沉庭园。它连接着水岸的另一边，当人们从岸边沿阶而下步入这里时，感觉就像在水里行走一样。在房子的另一端，第二个分支的插入式游泳池与湖面基准线齐平，以保持池水和湖水在同一平面上。在这里，内部与外部，人工和自然的界限再次模糊。

会所的内部同样是一个没有内部边界的、流动和连续的空间。与城市环境中严格的标准化和分隔的空间相比，红螺会所遵循自然的"弱规则"：置身其中，人们被鼓励有选择地体验空间，发现新的感受。每一个人都能通过他们即时的灵感和情绪创造出新的空间路径。其结果是，为当地社区创造了一个灵感来源于周围环境流动性的公共空间。

类型：红螺别墅区会所
状态：已建成
建筑面积：189 平方米

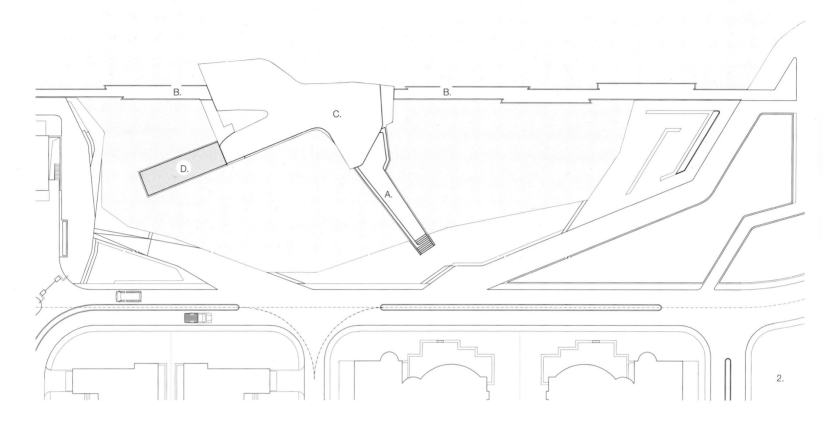

2.　平面图

　　A.下沉通道
　　B.桥梁
　　C.会所
　　D.游泳池

3.　屋顶柔和地向下弯曲成悬臂式雨篷状,以迎接来访
　　者;落地窗将外部景观引入室内。

3.

红螺会所

1. 　建筑立面设有巨大的开洞，允许新鲜空气和阳光
通过。

　　　　　　　　　　　　　　感觉即真实

假山

2008—2015
中国
广西，北海

这个密集的住宅区位于中国东南沿海，占据了北海市一条狭长的海滨地带。在严格的规划要求和平坦的地形上，假山是一个艺术性的解决方案。出于想捕捉该地区独特风景特征的愿望，该设计沿着海滨放置了标志性的山地轮廓。

这种呼应超越了中国近期开发的典型、平庸的城市高层综合体，形成一个有远见的解决方案。由屋顶露台和阳台组成的蜿蜒的景观，充满了自然、光线和空气，使居民沉浸在环境中。

该项目在经济上可行，在建筑上创新，其基本几何结构结合了两种常见但相反的建筑类型——纵向的高层和横向的低层，从而形成了连绵起伏的线条形建筑；在人造山丘的顶部，连续的屋顶平台成为带有花园、网球场和游泳池的公共空间。独立的服务功能和单一的走廊，使得连续的玻璃立面和阳台向居民展示梦寐以求的海景。巨大的开洞允许海风和阳光通过悬臂式像素化的立面，人们从凸出的阳台可以看到位于中心的低层建筑和景观。该设计通过将蜿蜒的体量放置在场地的后面，在绿地和水景中为居住设施和娱乐功能释放出空间。

该建筑群平等地向用户提供了自然光、新鲜空气和海景，共同创造了新的建筑类型和鼓励健康生活方式的环境。

类型：住宅、商业、教育
现状：已建成
建筑面积：492 369 平方米

感觉即真实

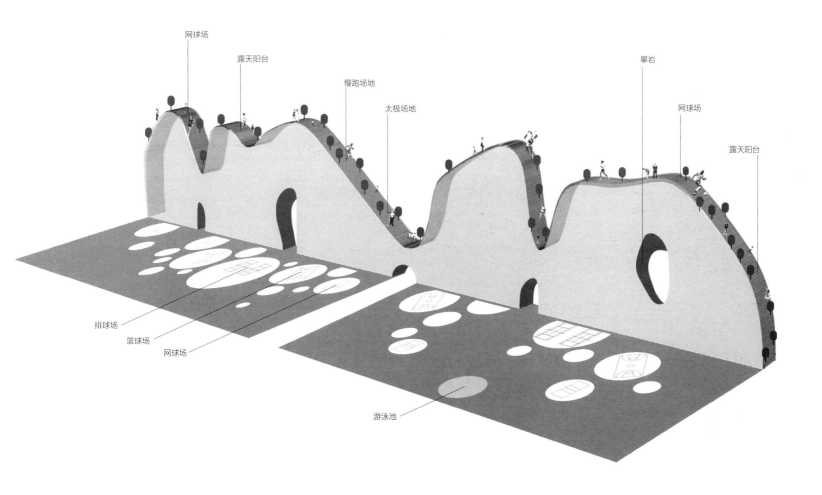

网球场

露天阳台

慢跑场地

太极场地

攀岩

网球场

露天阳台

排球场

篮球场

网球场

游泳池

2.　通过把主体结构推到场地的后面, 绿地被解放出来
　　供公众使用。

3.

3.　功能分区图

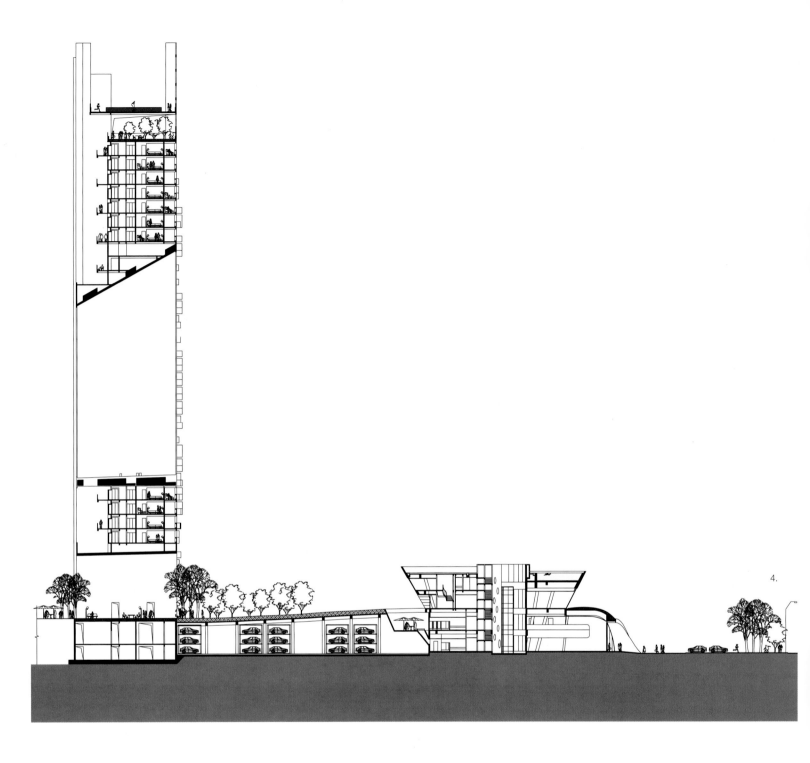

4.

4.　　波浪起伏的山形建筑结合了两个常见却相反的建
　　　筑类型——纵向的高层大楼和横向的低层大楼。

5.　　位置平面图

　　　A.别墅
　　　B.会所
　　　C.高层住宅
　　　D.酒店
　　　E.幼儿园

　　　　　　　　　　　　　　　　　　　　感觉即真实

5.

假山

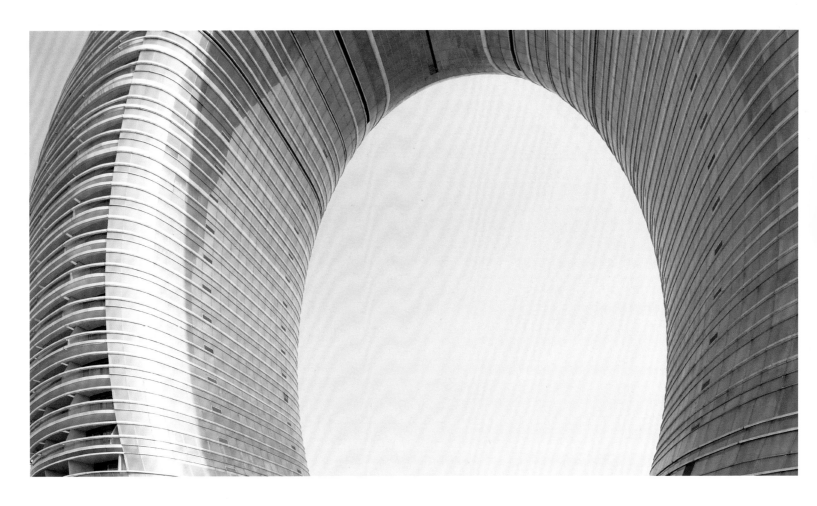

1. 受湖州历史建筑的启发，湖州喜来登温泉度假酒店 对园林建筑进行了现代诠释。

湖州喜来登温泉度假酒店

2009—2012
中国
浙江，湖州

湖州是一座具有两千多年悠久文化历史的江南古城，以得天独厚的人文和地理环境，以及中国水墨画创作和引人注目的乡土建筑而著称。该市的太湖和周围山脉的自然美景曾经吸引人们建造佛塔、寺庙、桥梁和花园，以及绘制无数受山水景观启发的水墨画。曾经是丝绸和茶叶的内陆贸易中心的湖州，逐渐发展成为一个文化和经济实体，但近年来，它已经被上海、杭州、苏州和无锡等较大的邻近城市所取代。现在，湖州是城市生活的天堂，为人们提供了一个回归自然和宁静的地方。

湖州喜来登温泉度假酒店位于太湖之滨，作为湖州标志性景观，其指环形建筑外观连接着过去和现在，陆地和湖水。该设计将建筑与太湖水景融为一体，与自然景观形成一种诗意的呼应。在中国传统园林中，借景于自然景物是构建人与自然关系的经典手法。建筑不是简单地在景观中添加一个物体，而是将自然界作为焦点，强调介于天空和湖水之间的地平线。指环形的几何形状还产生了一个由两部分组成的超现实图景：真实的建筑与水中的倒影相连，在视觉上形成了一个连续的圆环。

该建筑的形状在景观中被衔接成一个完整的作品，而不是一个由单个酒店单元组成的断裂体。玻璃和铝带的建筑包层模糊了每个楼板的界限，进一步将外墙非物质化。酒店房间内部的阳台为客人提供了无障碍的湖景和周围景观的视野，并引入日光。夜晚，明亮的建筑立面让人想起湖面上的一轮明月，仿佛整个建筑都漂浮在湖面上。湖州喜来登温泉度假酒店强调人与自然和谐相处时非凡的感官和精神体验。

类型：酒店
状态：已建成
建筑面积：59 686 平方米

2.　有机弯曲的半圆与其在水中的倒影形成一个完整
　　的圆环。

2.

3—4.　如剖面图所示,建筑物的内圈有两个独立的核心,
　　　周边的空间作为酒店的房间,以获得最大的视野。

5—7.　每块楼板的尺寸和形状都是独一无二的,并逐渐上
　　　升,直到形成一个拱形结构。

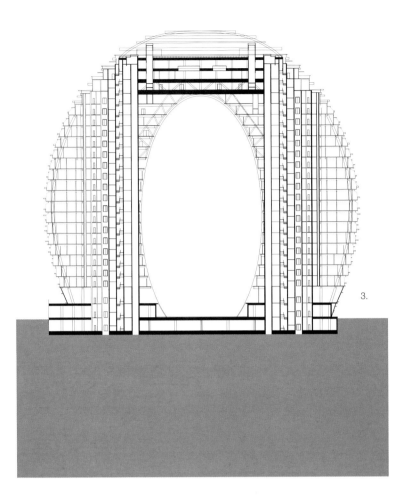

3.

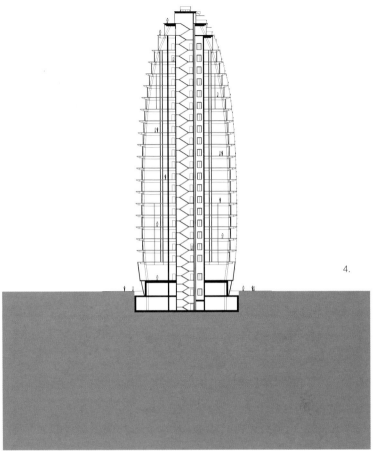

4.

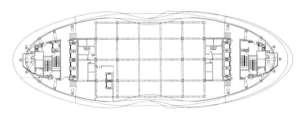

5.

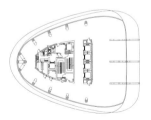

6.

7.

1.　　从远处看，三亚凤凰岛塔楼的轮廓融入了自然景观。

三亚凤凰岛

2006—2012
中国
海南，三亚

凤凰岛位于中国南部的热带岛屿海南岛三亚湾"阳光海岸"的核心。旅游胜地海南岛正吸引着越来越多的酒店和公寓入驻其中。凤凰岛作为一个人工岛，缓解了陆地上的开发压力，为城市提供了一个与众不同的休闲度假场所。

凤凰岛上有一座长 395 米的跨海观景大桥与市区滨海大道相连。岛上有五座塔楼，还有一家七星级酒店、一个游艇会所、一条海上风情商业街，以及一个国际邮轮港口。每个塔楼都被阳台环绕，为独立的酒店客房和公寓提供了充足的户外空间。

每一座塔楼的第四层都设有一个高耸的共享中庭空间，为居民和酒店客人提供热带田园风情的室内环境。熔块玻璃栏杆在塔楼的外墙上创造出大幅具有动感的图案。这些图案在五座塔楼之间形成了一个总体的构图：它们重叠、交叉，创造出了一个有凝聚力的、动态的天际线。塔楼的有机轮廓与周围山地地形融为一体。

类型：公寓、酒店、商业街
状态：已建成
建筑面积：393 825 平方米

2.　熔块玻璃栏杆在每座塔楼的外立面上创建一个动态图案，以一种有凝聚力的设计语言在视觉上将塔楼连接起来。

3.　酒店、零售和各种住宅类型组成了这个人工岛的总体规划社区。

4—5.　横剖面图展示了自然是如何与建筑紧密结合在一起的。

3.

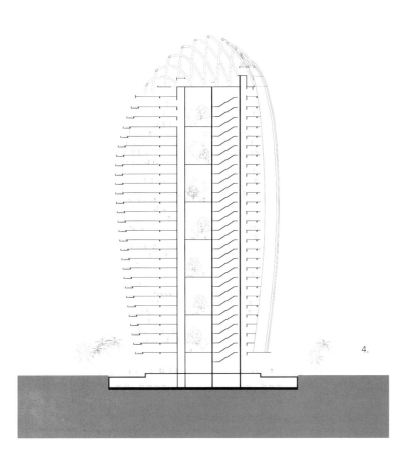

4.

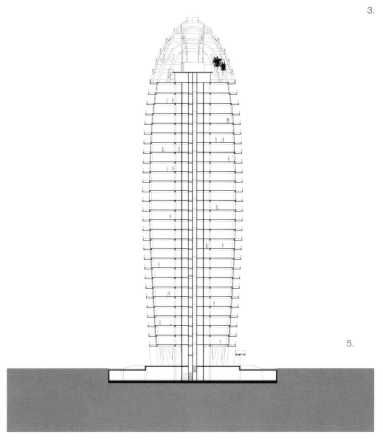

5.

1. 作为一个文化群岛，平潭艺术博物馆让人联想到一
    个由水下的古老山脉形成的岛屿，并与私人收藏有
    着概念上的联系。

感觉即真实

1.

平潭艺术博物馆

2011—2016
中国
福建，平潭

平潭是福建省最大的岛屿。其综合实验区于 2010 年正式启动，不久的将来，这里有望成为台湾海峡两岸贸易和文化交流的先声之地。这也意味着平潭岛将通过大规模开发，从目前的渔业和军事基地，转化为城市开发区。

位于新城市中心的平潭艺术博物馆，该设计构思了一个建筑群岛——象征着远古的平潭岛，每座岛屿下面都是一座山。博物馆由一座微微起伏的栈桥连接着大陆，也连接着人工与自然、城市与文化、过去与未来。该建筑由混凝土混合当地的沙子和贝壳整体浇筑而成，博物馆作为具有持久感的水中大地景观，呈现出一种全新的触觉体验。它邀请公众参与平潭岛的自然和文化保护活动。

在成为一座博物馆之前，平潭岛首先是一个公共空间。博物馆的展览空间与广场起伏的地形融为一体。"户外客厅"——大海、沙滩、绿洲和山坡的混合体——吸引着游客，并促进了博物馆的规划，以及文化和娱乐活动。由海洋沉积物筑成的博物馆壳体空间有一种远古洞穴的感觉。从曲线柔和的画廊空间可以一览平潭的湖光山色，此处也为新城中心提供了一个反思空间。博物馆为城市及其居民创造了一个新的空间类型，以进一步思考时间和自然带给我们的影响。

类型：博物馆
现状：方案
建筑面积：40 000 平方米

2.　　　自然光线充满了博物馆内的洞穴式展览空间。

2.

3—6.　博物馆的平面图展示了大量的画廊和有机形状的
　　　　公共空间。

7.　　　横向剖面图从概念上描绘了三个露出水面的沙丘，
　　　　形成了岛上的展览空间，其中心是一个公共广场。

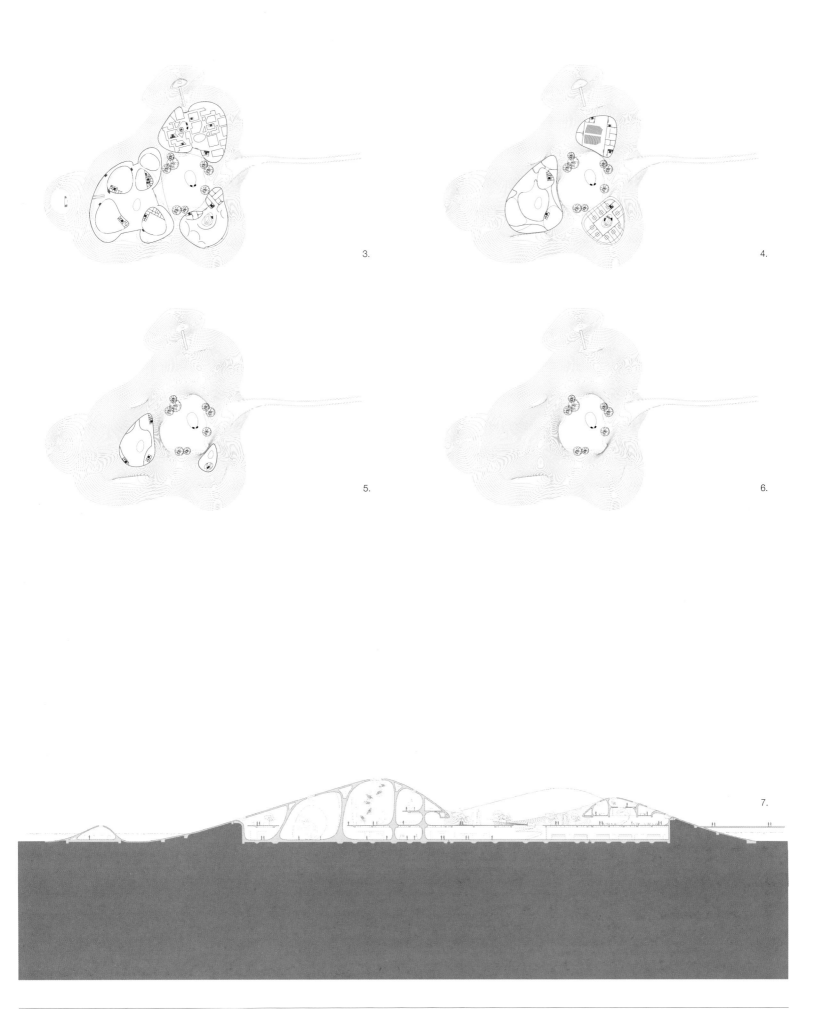

3.

4.

5.

6.

7.

平潭艺术博物馆

4.
山水城市

如果古代的城市与宗教有关，而现代城市与资本和权力有关，那么未来的城市应该与人和自然有关。

"山水城市"通过自然景观的艺术概念，体现了一种密度和功能的诗意意识形态。作为对现代主义价值观的正式回应，"山水城市"秉持强调人文精神的设计理念，并寻求捕捉自然体验到的情感联系的潜力。

黄山太平湖公寓（第 144、145 页）紧贴水边的山坡，与现有景观完美融合，避免破坏田园般的自然环境。南京证大喜玛拉雅中心（第152、153 页）是一个城市规模的项目，其中建筑同时是景观，让人联想到传统中国山水画的意境。厦门欣贺设计中心（第 158、159 页）隐藏在波浪起伏的建筑表皮之下，仿佛被微风轻轻吹拂，其中庭、公共花园空间和阳台为原本平淡无奇的办公室注入了自然和灵魂。泉州会议中心的大型雕塑塔造型（第 164、165 页）源自一个雕塑平台，该平台将现有的景观与项目场地中的各种流线和花园空间融合在一起。位于市中心山坡上的村落——位于美国洛杉矶市中心的山丘庭院（第170、171 页）采用自然植被分层的方案，以缔结社区和表达当地文化。与之相仿的法国巴黎 UNIC 公寓（第 176、177 页）起伏的立面，堆叠出私人阳台和花园空间，意在拉近居民的距离，提供一个远离城市的喘息空间。罗马 71 Via Boncompagni 公寓（第 182、183 页）通过增加阳台和透明度来改造原有的单体建筑立面，以展示一个中心有隐藏花园的宫殿建筑的灵魂。

1.　坐落在群山之中的村庄，似乎不断地依山势生长，
　　进而成为自然风景的一部分。

黄山太平湖公寓

2009—2017
中国
安徽，黄山

位于黄山附近的太平湖，以青翠的景色和石灰岩悬崖为特色，长期以来一直是艺术家们的灵感源泉，并为他们提供了沉思与反思的栖身空间。这个地区的古老而神秘的诗意景观，与从不写实和临摹，而是基于随心的想象创作的中国传统山水画相类似。它是一个让人们观察自我与环境的关系，进行自我发现和自我醒悟的地方。

在尊重当地地形的基础上，黄山太平湖公寓为城市居民提供了一个世外桃源。公寓模糊了几何建筑和自然之间的界限——与该地区的地貌特征相呼应。作为现有山丘的延伸，每个建筑都是独一无二的，而且基地条件也不尽相同，它们错落有致地矗立于山水之间。散布在太平湖南坡的公寓为人们提供了住宅和公共设施。每个公寓都有独特的楼板，并带有形状不规则的、被弧形玻璃栏杆包裹的混凝土大阳台，最大限度地保障了人们欣赏周围湖光山色的视野。对居民来说，公寓提供了一个身临其境的自然空间来让人放松和沉思。公共和私人空间由外部的步道小径连接在一起，鼓励居民探索周围的景观。太平湖公寓采用当地建筑材料，加强建筑与自然的关系，重建了在当代生活框架下的中国古老的景观设计艺术。

类型：住宅
现状：已建成
建筑面积：70 000 平方米

2.

2.   每栋建筑都有落地窗将周围的景观引入室内。

3.   为了顺应自然，每一块楼板都是独一无二的，它
      们堆叠起来的几何形状创造了一个有机流动的线
      条。

3.

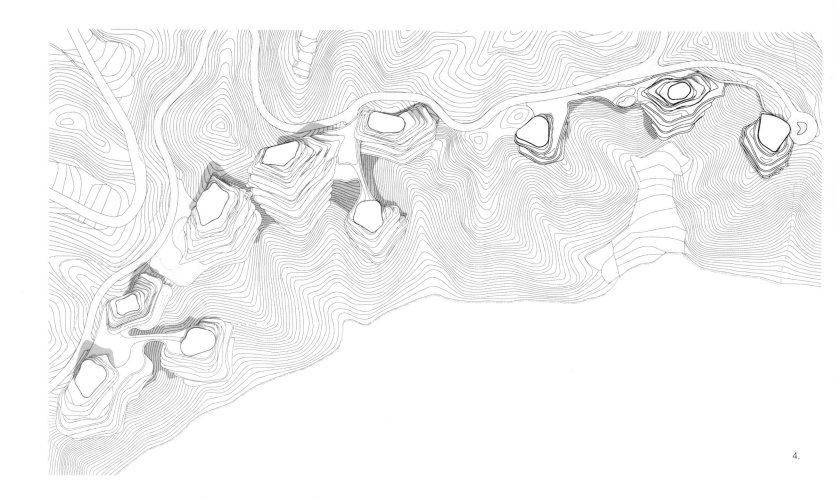

4.

4. 基地平面图强调了每个建筑是如何与周围环境紧密相连的。随着建筑沿着山脊和海岸线生长，它们的体量也变成了一种景观。

5. 横剖面揭示了在嵌入场地的自然地形中建筑和环境之间的动态关系。

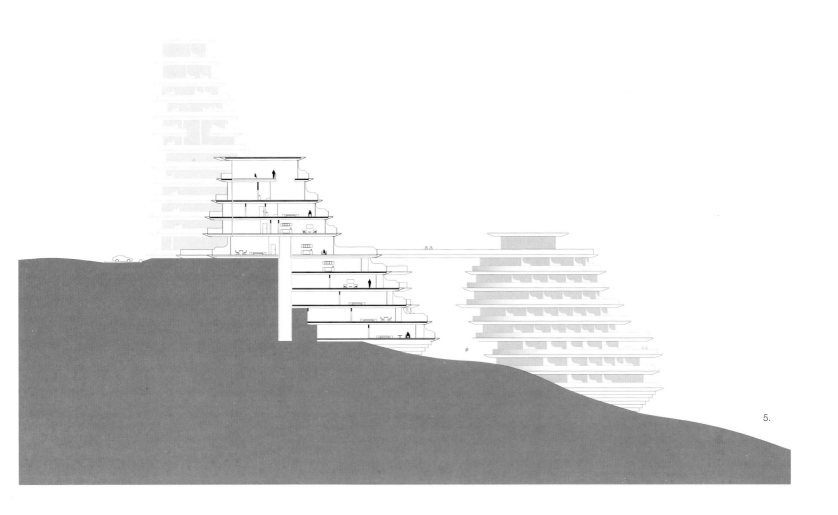

5.

1.　该项目规模宏大，通过将中心附近的花园和亭子整
　　合起来，把日常生活体验纳入人性化尺度。

1.

南京证大喜玛拉雅中心

2012—2023
中国
江苏，南京

高速铁路遍布在中国广袤的土地上，将各个城市连接起来。南京拥有中国最大的火车站之一，连接着北京和上海。作为六朝古都，这座城市在文化和建筑上曾经繁极一时。现在，以交通为导向的设计促进了新火车站周边的大规模开发，南京正在经历一场当代文艺复兴。作为其中的一部分，南京证大喜玛拉雅中心占据了六个地块，创造了一个新的城市类型，将自然与大都市融为一体。

位于基地外侧的办公室和住宅塔楼，唤起人们对群山的联想，这些群山仿佛被远古的风雨侵蚀雕刻而成。它们缓缓弯曲的轮廓像瀑布一样流入中央山谷，与那里的水景与景观辉映成趣。在起伏的建筑背景下，基地内部是低层商业建筑和景观元素的混合，创造了丰富的步行体验。该设计与传统的中国园林设计相似。在这里，塔楼扮演了高山流水的远景，一些坡顶小屋和园林要素在塔楼的衬托下，显得尤为突出。精挑细选的标志性苗木被安置在景观内，以增强和强调特定的景观。一个闪闪发光的玻璃筒仓，为邻近的办公大楼提供了一个隔三层停靠的电梯；筒仓与办公大楼分离，通过玻璃天桥连接。从进出电梯的天桥，可以随时欣赏下面的花园美景。

从城市到人类，人们可以从多种尺度上解读该中心。从远处来看，塔楼仿佛是有机的山脉；从建筑尺度上来看，竖条的白色玻璃百叶如瀑布般流动于山体上，让整座建筑充满意境；从中等规模上来看，办公大楼每三层有一个较厚的楼板，提供室外公共空间和花园给人们互动交流。

类型：商业、办公、住宅、酒店
现状：已建成
建筑面积：567 844 平方米

山水城市

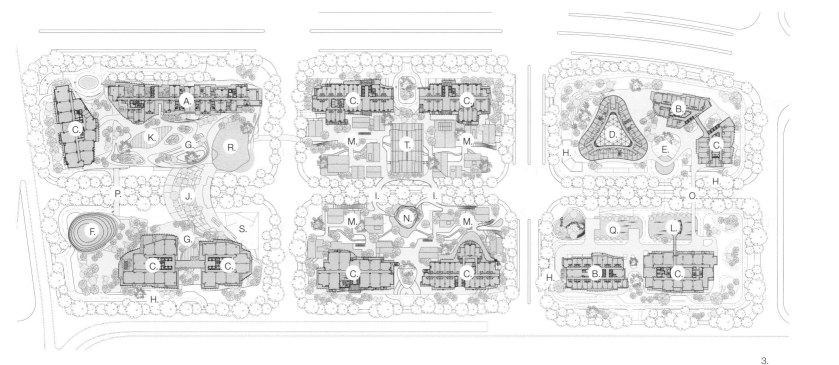

3.

2. 屋顶上有一个巨大的游泳池映射着周围的建筑。

3. 基地平面图

A.复式公寓
B.普通公寓
C.办公室
D.酒店
E.酒店入口
F.IMAX影院
G.购物中心
H.车库入口
I.景观桥
J.景观广场
K.屋顶花园
L.筒仓
M.村庄
N.青山
O.桥
P.走廊
Q.景观池
R.天池
S.下沉庭园
T.舞台

1.   除了大厅，整个建筑都被抬高了，为用户、水景和城
市绿化腾出了空间。

1.

厦门欣贺设计中心

2010—2023
中国
福建，厦门

作为国际时尚品牌的设计总部，厦门欣贺设计中心代表了公司旗下的六大时装品牌。借助于巨型结构，该建筑被从地面上抬起，形成发散形星状布局，使楼层规划更加灵活。这种半透明的表皮代替外墙作为遮阳装置，在保证建筑透明度的同时，也可以让员工欣赏到周围的景观。

建筑核心的大型中庭空间提供了自然光，并连接了代表六个品牌的"花瓣"。在每一层的六个"花瓣"中都有一个或多个花园空间将绿地带入楼内，这些花园空间为私人工作会议和独立合作提供了机会。此外，每个楼层在规划上具有灵活性，可供大型团队使用，并且保持有效的沟通。自然风在形状不规则的地板、反射池、生活墙、露台和屋顶花园之间贯穿流通，为员工提供了更大的接触自然的机会。

办公楼在现代城市中是不可或缺的。然而，高效率的工作要求往往忽视在其中工作之人的感受。这样的办公大楼表现了人与建筑环境之间的脱节。厦门欣贺设计中心的设计背离了典型的现代办公类型，重新思考如何营造一个增强人与自然环境关系的办公空间。

类型：办公室
现状：已建成
建筑面积：61 535 平方米

2. 　建筑外侧悬挂着半透明的PTFE膜材,在炎热季节
　　起到遮阳和通风作用的同时,也让建筑呈现飘逸、
　　轻盈的姿态。

3. 　剖面模型揭示了建筑核心的大型中庭空间,它是自
　　然光的来源,也是整个建筑的主要连接手段。

4—5. 　剖面图展示了融入整个建筑的多层次景观,它为员
　　工提供了人际交流和与自然联系的公共空间。

3.

4.

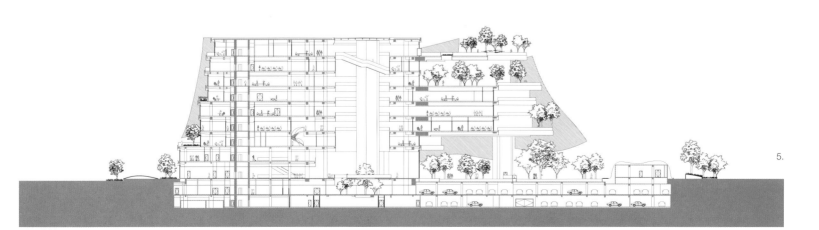

5.

1.　　雕塑般的泉州会议中心在海滨喜迎八方来客。

泉州会议中心

2014—2017
中国
福建，泉州

由于场地狭小，规划范围广泛，泉州会议中心纵向地组织了混合使用方案。会议中心由酒店、住宅和办公结构的平台组成，其特色是可以俯瞰大海，并与周围的景观相连接。

会议中心覆盖整个场地，该设计在屋顶上创建了一个城市公园，可以观赏海景，培养公民参与感和社区意识。这个公园不仅使项目成为一个公众聚集的场所，还方便了建筑之间的交通，促进了基地内部的微型城市化。

飘浮在会议中心绿色屋顶上的三个大型雕塑群体——酒店、住宅塔楼和办公楼——的垂直堆叠方案，为下面的公园和海洋提供最佳视野。这三座建筑分别模仿了海洋中的帆船、贝壳和珍珠。该设计通过尽量减少建筑物的占地面积，最大限度地增加绿色屋顶景观，解决了项目的场地限制。每栋建筑都构成了中央公共空间的外围框架，并成为通往会议中心的入口。这四座建筑组成了一个整体，创造了一个连接人类、文化和自然的城市景观。

类型：会议中心、办公室、商业、酒店
状态：提案
建筑面积：358 517 平方米

2. 中央公共广场展示了一个隐蔽的、由起伏的山峦和葱翠的绿色植被组成的景观。

3. 主要功能图。

4. 纵向排列的混合使用方案，最大限度地利用了狭小的场地。

5. 基地平面图

A.行政办公室
B.酒店
C.商业街
D.瞭望台
E.会议中心入口
F.湖
G.露台
H.卡车入口
I.卡车出口

2.

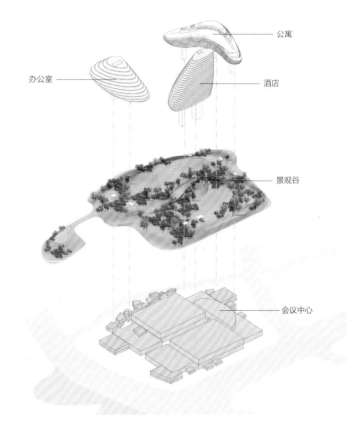

3.

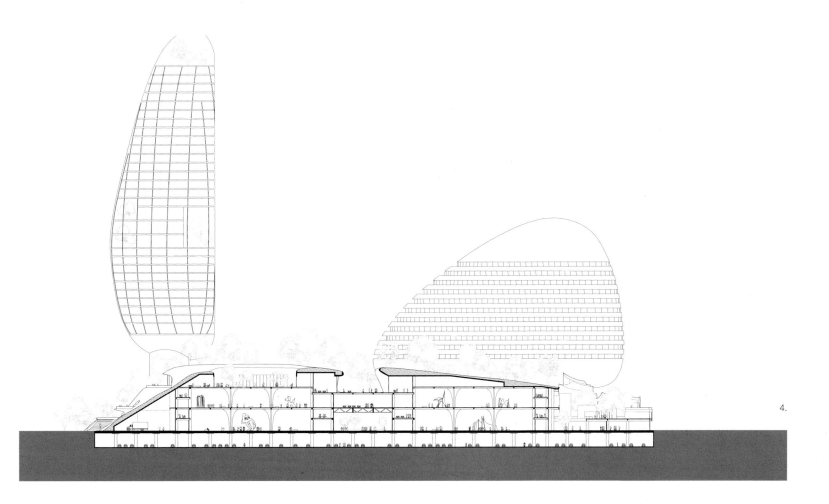

4.

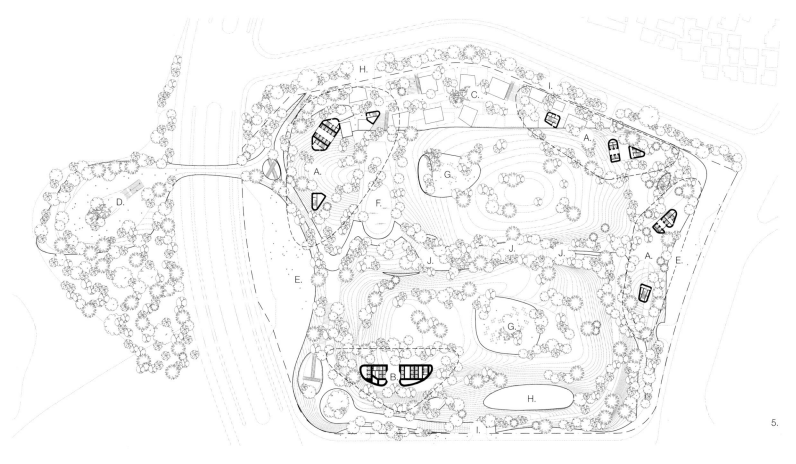

5.

1.

山水城市

山丘庭院

2013—2020
美国
洛杉矶

山丘庭院将自然和社区融合为一个高密度的城市生活环境。该项目通过将商业类型的零售空间堆叠在排屋、别墅、工作室和公寓等住宅类型之下，在一个较小占地面积内实现了密度分层。最终的设计是一个多功能的项目，它模仿一座起伏的小山丘的形状，里面包含置于商业区顶部的住宅小村落。这个由 18 个单元组成的村庄被高耸入云的树木和半透明白色玻璃覆盖的山墙屋顶别墅点缀着，改变了比弗利山庄的天际线。夜晚，它从内部散发出的微光为威尔夏林荫大道的沿街景观增添了一道亮丽的风景线。

在地面层，一个以洞穴为灵感的抛光混凝土多面大厅入口让你可以一瞥隐藏于庭院中的花园美景。流水从上面的花园向下面大厅的水池倾泻而下，在雕塑般的整体空间中，用潺潺流水声向居民和游客致意。由当地耐旱的肉质植物和藤蔓组成的节水"植物墙"环绕着场地，它被抬离地面，形成一个飘浮的绿色底座，并成为底层玻璃店面的边框。作为二楼和三楼阳台的自然绿色屏障，这个有生命的遮阳板提供了阴凉，并在空间上将室内生活单元与自然连接起来。

在树冠和本地肉质植物与藤蔓的点缀下，住宅单元和私人露台聚集在高架庭院周围。周围的透明幕墙间接地展示了庭院中邻里之间的生活状态，进一步巩固了村庄的概念。当居民们远离城市日常的喧嚣，他们会在花园山谷，即在大自然的家中，找到属于自己的一方天地。

类型：商业、住宅
现状：已建成
建筑面积：4463 平方米

1. 山丘庭院的中心庭院，在视觉上连接了居民，并促进了整体社区的发展。

2. 山墙屋顶别墅从植物墙上方探出头来，似乎在向当地建筑和人们致意。

3—7. 平面图

    A.入口
    B.礼宾大厅
    C.水景
    D.车库
    E.商业零售
    F.健身房
    G.工作室
    H.联排别墅
    I.公寓
    J.庭院花园
    K.露台

8. 各种住宅类型以山庄的形式与自然和谐地融合在一起；纵向剖面图揭示了一个作为村庄中心公共空间的隐藏庭院。

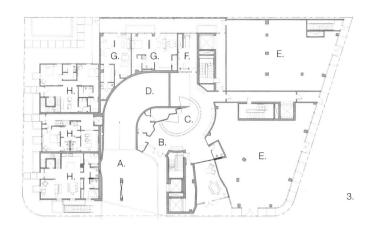

3.

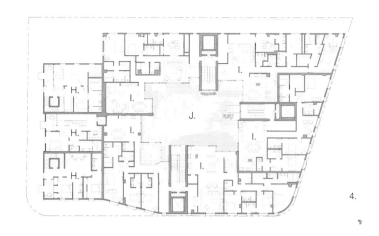

4.

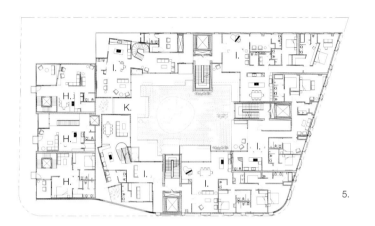

5.

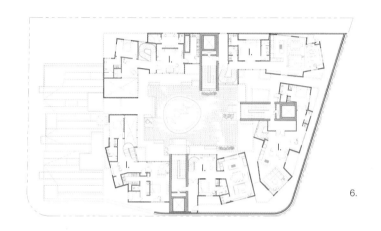

6.

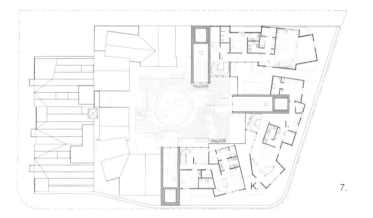

7.

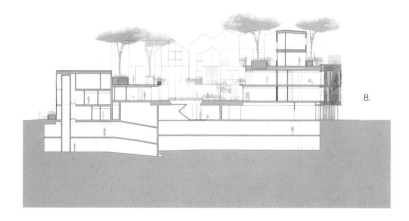

8.

1.

UNIC

2012—2019
法国
巴黎

巴黎市拥有许多世界著名的公园，杜伊勒里公园、拉维莱特公园或布洛涅森林只是其中的一小部分。在过去的十年里，位于巴黎第 17 区的马丁·路德·金公园所在的 BATIGNOLLES 开发了一个占地 10 公顷的多用途总体规划项目。UNIC 就是这个总体规划的一部分，它将不同人口结构的街区连接起来。

位于这个不断发展的、夹缝式的社会经济边界内，这个混合用途项目重新诠释了包括公共和私人住宅在内的传统住宅类型。UNIC 通过在底层嵌入一个厚厚的裙房，设立幼儿园和零售空间，从而完成了社区规划。与建筑融为一体的地铁站将社区和邻近地区与巴黎连接起来。该项目简洁的双筒结构和清水混凝土的外立面，在概念上是至关重要的，既展现了优雅，又展现了效率。它的透明玻璃幕墙，堆叠在不规则增厚的混凝土板之间，形成一座层叠的空中花园。

山形建筑毗邻广阔的公园，将居住密度与层叠的花园和阳台结合起来。与豪斯曼街区的静态外立面不同，该建筑轻微起伏的外立面模糊了建筑与自然之间的界限。其最明显的特点是在整个建筑内部整合了景观，这一点体现在上升过程中不断缩小的空中花园和不对称楼板上。随着城市密度的增加，现代城市与地面和自然的联系逐渐消失，与此相比，UNIC 却创造了一个充满自然空间的环境，同时也代表了新社区的演变。

类型：住宅、商业、基础设施
现状：已完成
建筑面积：6 600 平方米

2.

1. UNIC秉承巴黎的传统，将自然与花园融入日常生活中。

2. 延伸楼板的柔和曲线为公众集会和私人休憩提供了阳台。

3. 落地窗创造了公园和周围城市的全景视野。

4. 平缓起伏的阳台柔化了公园的过渡，成为景观露台。

3.

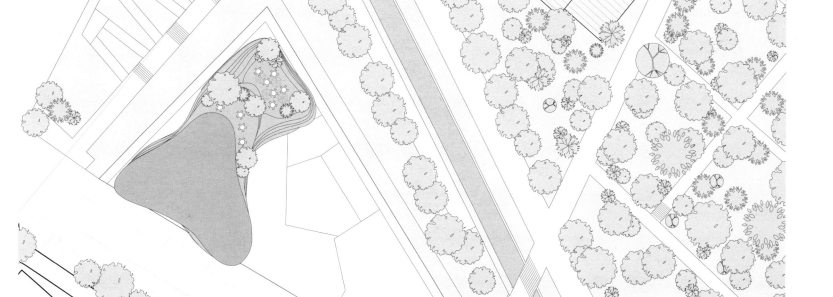

4.

山水城市

1.

罗马71 Via Boncompagni公寓

2011—2025
意大利
罗马

位于罗马市中心的 71 Via Boncompagni 公寓是对现有建筑结构的改造，这是一座建于 20 世纪 70 年代的内院式多层办公楼。在外墙华丽的古典建筑的包围下，该项目将一个与周围环境不协调的现代建筑转变成创新的综合体。设计师没有推倒重建而是拆除朴素的外立面，保留现有的钢筋混凝土的结构骨架。

带有落地曲线玻璃外墙的单元被插入简单的结构中，就像书籍被放入书架一样。该设计尽量减少拆除和增建，它不是简单地在旧建筑上披上一层新的外衣，而是采用现代的形式来表达一个古典的思想。阳台和花园从新住宅单元和原有框架结构之间的"间隙和空隙"中产生。新的设计剥离了笨重的立面，采用了全新的透明方案，模糊了建筑和街道之间的界限，表达了建筑的内部，而非外部边界的活力。

为了改善遮阳效果和为几何结构注入节奏感，现有的混凝土楼板向街道延伸，逐渐变细至 100 毫米。每套公寓的弧形玻璃幕墙都沿着环绕的檐口楼板，创造出了不规则的露台，为居民提供足够的种植空间。透过玻璃幕墙，人们可以一览这座历史悠久的城市，同时也让每个单元充满阳光。由半透明的金属幕组成的朦胧的立面系统，可以让居民欣赏到室内庭院的美景。原有的庭院被改造成抽象园林，中央有一个巨大的池塘，与天光树影相伴。

每个公寓都被设计成一个独立的单元，给居民一种自主的感觉，但又在视觉上和功能上将这个街区连接起来，形成一个有凝聚力的整体。所有这些元素结合在一起，创造了一种体验，在这里居民和街上的公众能够看到建筑、自然和日常人性融为一体。在这个古老的城市，71 Via Boncompagni 公寓将当代生活从城市古典外表中解放出来。这个适应性再利用项目和"被打开"的建筑，将生机和真实的都市生活还原给了这个传统街区。

类型：商业、住宅
状态：建造中
建筑面积：23 670 平方米

1. 通过拆除其20世纪中期的外墙，花园和露台被嵌入公寓的外墙中。

2. 利用现有的庭院类型，在项目的中心插入一个公共花园。

3. 在底层规划中，建筑和街道之间的界限被模糊化；一个现代的抽象花园被插入庭院中，成为社区的公共空间。

4. 如二楼平面图所示，弧形玻璃外部出现的间隙和空隙，为每个单元提供了私人露台和种植阳台。

5. 现有的外墙已经被拆除，为每个单元提供了更多的开放空间；内部庭院中一个额外的花园为居民的日常互动提供了空间。

2.

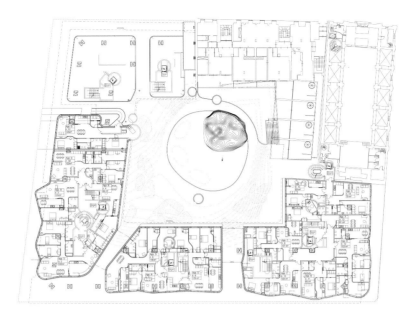

3.

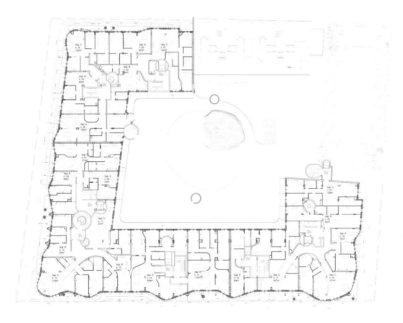

4.

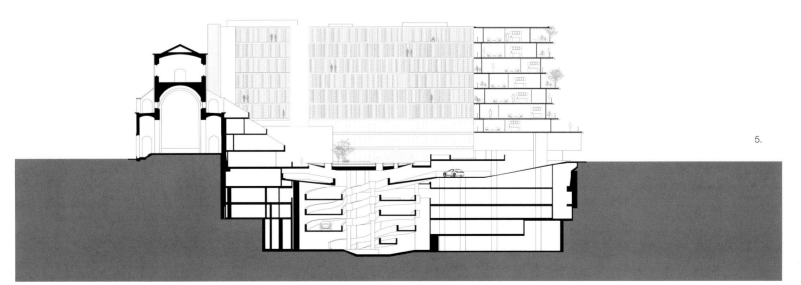

5.

5.
北京2050

在 2008 年奥运会期间，北京展示了其作为一个不断发展的大都市的雄心。在拥抱过去的同时，"北京 2050"展望了这座城市的未来。

天安门广场在过去几十年所见证的变化，反映了这个国家精神的演变。如果去掉天安门广场的政治和交通功能，它将会是什么样子呢？

设计师把它想象成一个人民公园。国家大剧院将被隐藏在一座"景观山"中，在现在的中南海一展它的雄姿。到 2050 年，天安门广场将成为一个充满生机的城市空间，成为北京市中心的绿肺。

"北京 2050"项目旨在平衡历史名城和未来城市之间的关系。胡同泡泡 32 号（第 190、191 页）向悠久的文化历史致敬，通过适度的建筑干预，将现代生活设施融入其中，使传统胡同及其居民恢复活力。北京康莱德酒店（第 198、199 页）脱离了城市中心商务区的同质化建筑，重新思考将城市网格作为概念上的"结缔组织"，是一座以自然有机形状为表皮的塔楼。中国爱乐乐团音乐厅（第 206、207 页）借鉴了玉石的精神，将当地传统和符号学与现代形式结合起来。MAD 在一个有着悠久历史的场地上，设计了一个飘浮的广场，而中国美术馆（新馆，第 212、213 页）就坐落在广场之上，它被一个连续的丝带状窗户环绕着，平等地将城市景观引入美术馆。前门鲜鱼口（第 220、221 页）是后世研究的一个案例，一系列乐观的建筑干预，在承认北京的过去的同时，也现实地面对其即将到来的未来。

1.

北京2050

胡同泡泡32号

2008—2009
中国
北京

中国的快速发展正在大规模地改变其城市景观，并继续侵蚀着北京等老城区脆弱的城市组织。这些巨大的变化迫使老化的建筑不得不依靠混乱的、自发的改造来应对社会、人口和经济条件的变化。由于基础设施老化和缺乏有效投资，这些独特的居住空间和潜在的繁荣社区正在成为一个严重的城市问题。在 2006 年威尼斯建筑双年展上的 MAD IN CHINA 个展中，MAD 提出了"胡同的未来"的方案，设想了一个将在北京的老城区进行推广的、不断扩大的未来主义金属泡泡集合。

穿插在现有的结构中的胡同泡泡，其功能就像磁铁一样，吸引着新的人群、活动和资源来到整个社区。这种反射周边环境的插入物与老房子相得益彰，并提供了浴室、厨房和楼梯等新的基础设施。泡泡的功能符合社区的各种需求，当地居民可以继续生活在温馨舒适的老胡同社区，同时享受这些当代商品所提供的便利。随着时间的推移，这些对城市组织的新型干预措施，也将成为北京悠久历史的一部分。

作为胡同四合院改造的一部分，胡同泡泡 32 号为实现更广阔的设计愿景提供了一次机会。第一个泡泡项目包括一个卫生间和一个通往新屋顶露台的楼梯。它闪亮的外观将泡泡渲染得像一个外星生物，但同时也折射着周围的古老建筑、绿色植物和天空。过去和未来仿佛并存在一个有形的、梦幻般的世界里。通过解决社区的直接需求，胡同泡泡 32 号为新的想象空间提供了可能性，使北京的历史中心重新焕发活力。

类型：改造
状态：已建成
建筑面积：10 平方米

2.

北京2050

1.　一个闪亮的镀铬泡泡从胡同屋顶的海洋上升起。

2.　胡同泡泡32号的镜面覆层，映射出大自然和四合院的景象。

3.　泡泡是一种尊重胡同历史的、微妙的结构性干预。

3.

4.

北京2050

4. 胡同泡泡32号为以前没有这些便利的社区，提供了
    最新的便利设施。

5. 到2050年，整个老城区将遍布胡同泡泡网络。

6. 剖面图展示了泡泡的简单内部组织与传统胡同四
    合院的关系。

5.

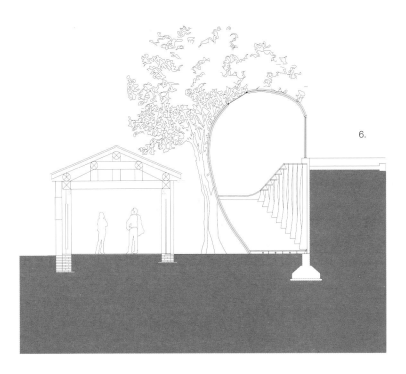

6.

1.

北京2050

北京康莱德酒店

2008—2013
中国
北京

康莱德酒店坐落于北京的中央商务区（CBD），与周围大量的企业大楼形成了鲜明的对比。早些时候，建筑师们挑战自己，以精湛的技术和勃勃的雄心打造新建筑，而现代中央商务区的建筑却远非如此，它们是混凝土和玻璃的机器，是不断重复的复制品，是无节制的资本主义生产过程。这些建筑没有地方特色，拥挤不堪，也不够自信，它们是超大街区城市化的产物，定义了北京发展的最新阶段。

康莱德酒店位于东三环中央商务区的中轴线上，作为一个新地标脱颖而出。项目的基本逻辑符合周围街道景观和垂直塔的直线性质，一系列的设计操作将表皮的网格逐渐"融化"为一种富有表现力的有机形式。酒店主楼的整体体量在道路和建筑主视图的交叉点处开始变形，柔化了整体轮廓。白色的铝立面由最初的网格状，逐渐被延展、扭曲和固化成一个类似于细胞组织的网络，形成了形态各异的窗洞。

这些窗洞创造了一个动态的外表图案，它们有的明亮，有的昏暗，有的透明，有的浑浊，有的亚光，有的反光，为每个酒店房间提供了一个独特的视野和特点。这种细微的差异贯穿到塔楼后面的大堂平台上，上面的大理石颗粒图案被精心挑选和组合，以产生对称的几何形状来呼应建筑的规模。借助电脑和新兴的制造技术，该设计采用数字工艺来打造建筑。这种方法提高了设计效率，让人们重新思考网格概念的可塑性和流动性，以响应地方和个人的城市生活体验。

类型：酒店
状态：已建成
建筑面积：56 994 平方米

3.

1. 酒店位于北京繁华的中央商务区，建筑立面从常见的规范的网格转变为一个由曲线组成的生动的有机几何图形。

2. 通过立面的不规则框架，提供了无限的空间视野。

3. 这个立面似乎是自我生成的，随着它的生长，线条像悬臂一样并向上延伸。

4. 酒店大堂充满了阳光、活力和生机。

5. 剖面图显示了一个典型的带有核心筒的塔楼和一个拥有各种酒店设施的裙楼。

6. 酒店的主要设施在一楼。

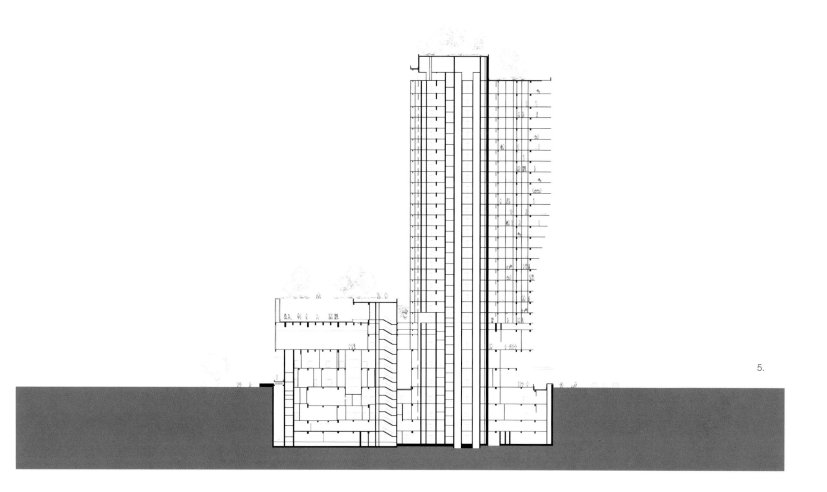

5.

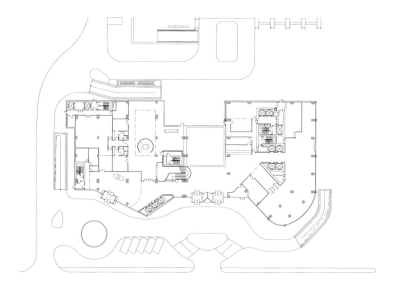

6.

1.

北京2050

中国爱乐乐团音乐厅

2014—2023
中国
北京

中国爱乐乐团成立于 2000 年，现已发展成为全国最大、最具影响力及巡演范围最广的乐团之一。它拥有庞大的剧目体系、才华横溢的音乐家及指挥家。乐团起源于北京，在其他国家备受追捧，但在中国却没有展示和培养团员技艺的长久之地。新建设的音乐厅位于北京市中心，毗邻工人体育场，将成为中国爱乐乐团的专属家园，为丰富文化提供了一个新的场所。

中国爱乐乐团音乐厅的设计灵感来自玉石的特性，在繁华的市中心为人们提供片刻的宁静。玉石是一种体现中国古代文化和价值观的材料。它代表力量和长寿，这也是音乐厅设计的重要隐喻，因为它强化了乐团的文化传统和声誉。建筑错综复杂的结构形式和立面，也让人联想到精雕细琢的玉石，暗示了弦乐器的波浪式运动。

除了精致的外观，沐浴在柔和自然光线下的室内大厅，也使游客沉浸在充满想象力和音乐的新的现实之中。座位区从舞台中央伸展开来，使拥有 1600 个座位的音乐厅看起来像一朵绽放的莲花。这种布局可以适应环绕音乐厅的 360 度投影。通过音乐在头脑中产生想象的空间，观众仿佛从喧闹的大都市，被带到了大自然中的森林或山间露天剧场之中。

音乐厅的木质包层参考了弦乐器内部的氛围，进一步激发了人们的想象力。声学大师丰田泰久设计了高性能音质的音乐厅。音乐厅还有两个排练室和一个录音室。相邻的建筑为管弦乐队提供了行政办公室，同时还有独立的排练室和储藏室。

类型：音乐厅
状态：建造中
建筑面积：26 794 平方米

1. 公共大厅以温暖的木材和自然光为特色。

2.

2. 白色隔音板仿佛莲花花瓣，环绕着观众和表演者。

3. 纵剖面

   A.公共大厅
   B.衣物检查
   C.控制室
   D.主音乐厅
   E.灯光控制室
   F.自助餐厅
   G.管弦乐队更衣室
   H.合唱团更衣室
   I.排练室
   J.爱乐乐团办公室

4. 横剖面

   A.主音乐厅
   B.全套管弦乐队排练室
   C.排练室
   D.录音室

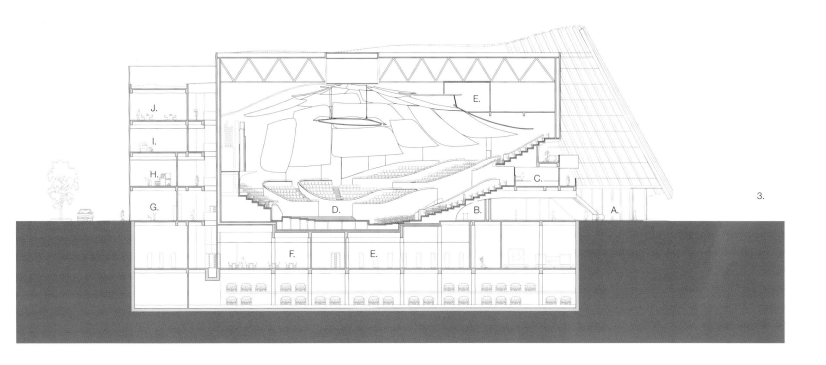

3.

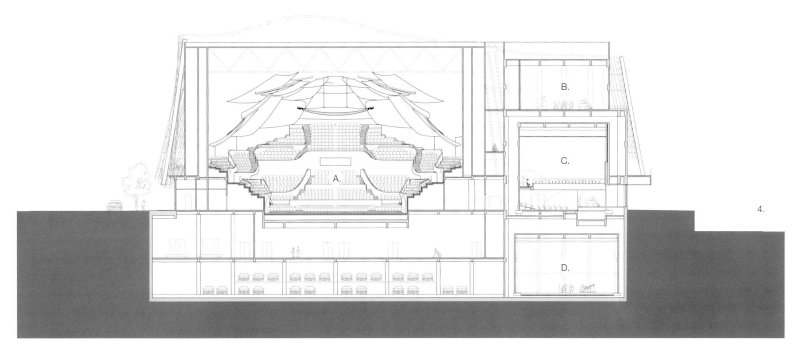

4.

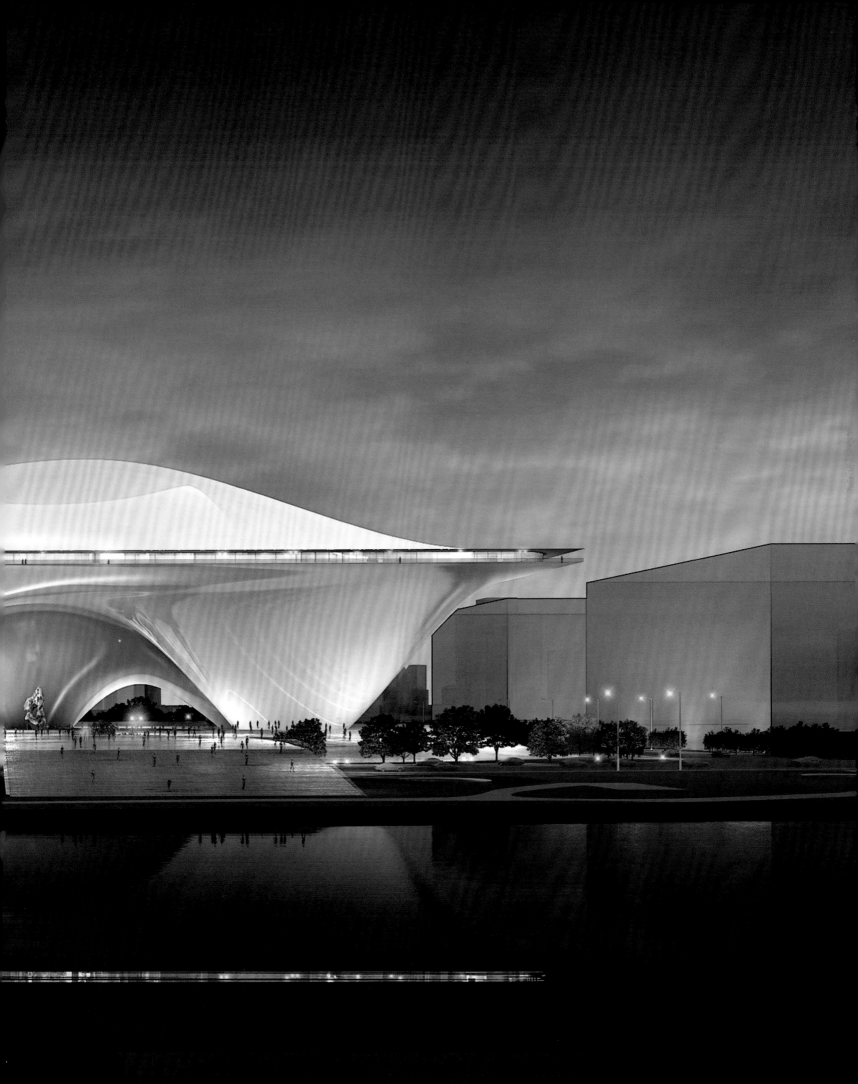

1.　　通过抬升博物馆，将地面区域做成一个巨大的室外
　　　平台，另外还设有一个带雕塑的水景池。

1.

中国美术馆（新馆）

2011
中国
北京

中国美术馆（NAMOC）建于 1962 年，是中国最大的文化收藏博物馆之一，曾举办过有影响力的中国当代历史展览。它也需要一个更大的建筑来容纳日益增加的艺术收藏，因此中国美术馆的组织委员会提议建造一个新的国家级美术馆：它要有一个标志性的造型，坐落在一个具有文化意义的地点，并被安置在一个更大、更宏伟的建筑当中。

新美术馆场地坐落在北京市中心从紫禁城至 2008 年奥运场馆的历史性南北中轴线上。该场地是六个大型街区总体规划的一部分，这些街区由宽阔的林荫道和混凝土环境中的孤立建筑组成。在一个大到夸张的城市尺度的基地上，MAD 提出了中国美术馆（新馆）的方案，创造了一个运用景观和艺术来丰富人类体验的公共空间。

他们用三层的构架组织构建一个室内室外相互交织的开放城市公共空间。城市领域与一个悬浮于空中的建筑主体和一个架高的公共广场相连，该广场融合了水和树木等自然界的主要元素，并为艺术作品创造了一个展示的舞台。广场和北京奥林匹克公园之间的天桥将博物馆和城市规划中被忽视的区域连接起来。所有保证美术馆正常运转的辅助功能空间都被放在广场的下方。

一进入博物馆，参观者就会发现展览就像在传统的北京街区举行一样。画廊空间的组织被安排得宽窄得当，类似于井然有序的城市广场和狭窄街道之间的组合。较大的展厅形状流畅，毗邻较小的直线形展厅。这些并置的空间被一条公共长廊包围，展示了北京的全貌。中国美术馆（新馆）就像盘旋在游客头上的一团有文化可能性的云朵，是一座"飘浮"的"艺术城市"。

类型：博物馆
现状：提案
建筑面积：152 200 平方米

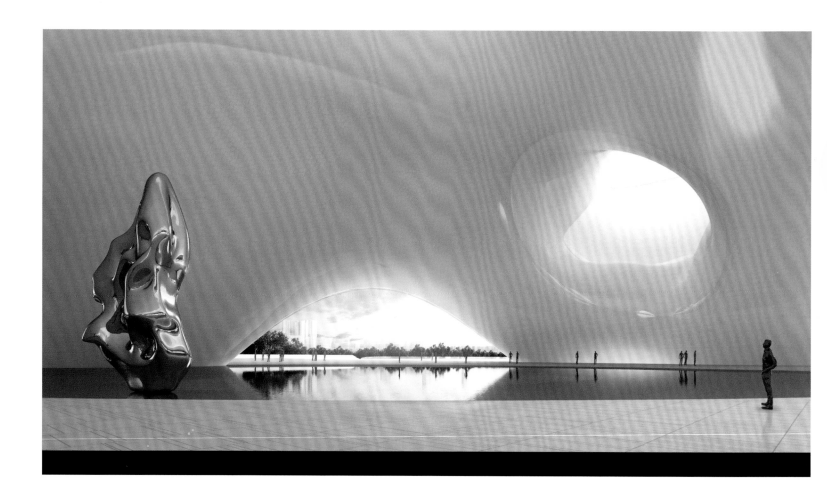

2. 阳光从孔洞投射到水景池。

3. 一条人造地平线穿过有机体，为最大的展览层提供
自然光线和全景视野。

3.

217
中国美术馆（新馆）

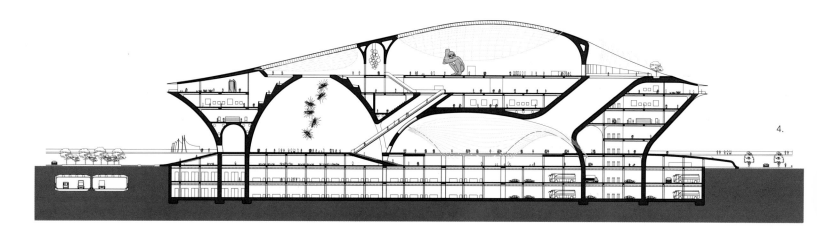

4.

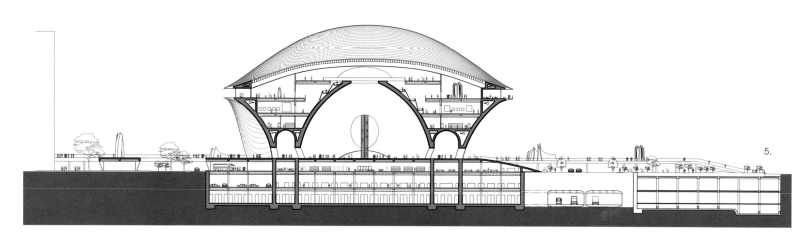

5.

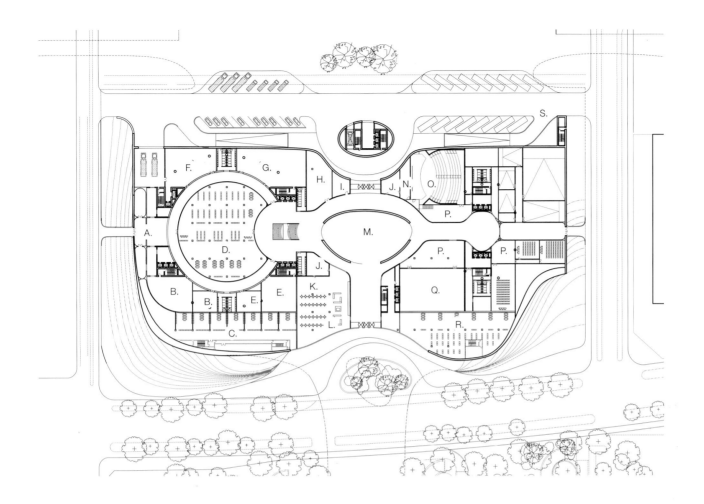

4—5. 博物馆由展厅、公共广场和支撑区三个主要架构组
    成，室内和室外空间交织在一起。

6.   平面图

    A.行政入口大厅
    B.研究办公室
    C.开放式办公室
    D.研究图书馆
    E.工作室
    F.业务部
    G.注册和藏品管理处
    H.零售业
    I.保安
    J.服务业
    K.食堂
    L.书店
    M.大厅
    N.后台
    O.礼堂
    P.门厅
    Q.多功能厅
    R.图书馆/媒体中心
    S.车库

1. 保持对现有城市结构的尊重，手动干预将自然和人
   口密度融入古老的胡同区。

2. 前门鲜鱼口为居民提供了一个空中花园，它横亘于
   城区，并将自然和社区联系在一起。

前门鲜鱼口

2014
中国
北京

作为一个未来的案例研究，前门鲜鱼口改造方案提出了一个历史与现代生活和谐共存的北京建设设想，为老城区注入灵魂。该方案具有历史保护、战略密度、"城市针灸"和精神空间四大特征。

历史保护在前门鲜鱼口改造中发挥着关键作用。保留北京丰富的历史和建筑遗产，使这座城市可以有机地发展——与乌托邦式的现代主义想法形成鲜明对比。未来的城市必须考虑到现有胡同和四合院中居民的情感和物质需求。

通过逐渐将人口密度重新引入历史名城，胡同和四合院再次变得活跃起来。那些希望降低生活成本而逃离城市的市民，可以重新享受以前在历史基础设施中缺乏的现代化便利设施。曾经分散的前门鲜鱼口地区，如今被一片绿化带、水景和风景如画的四合院紧密地联系在一起，贯穿于城市肌理之中。一个新的景观高耸于垂直的胡同之上连绵起伏的山丘形建筑，变成了空中走廊。四合院——北京的类型学 DNA——被串联起来，创造出动态的、活跃的空间。一座宝塔在城区中心拔地而起，重新诠释了住宅的标志性形状。

该设计通过"城市针灸"（小规模的介入），为现代设施增添活力，并治愈了老城区。胡同泡泡 32 号（第 190、191 页）就是这样一个微观乌托邦式的"针"，它以一个梦幻般的泡泡形式，自豪地颂扬着折射在它镜面覆层上的老城区。这些泡泡像磁石一样吸引人们回到胡同、四合院和广场，并形成社会联系。

中国的天地观被应用于前门鲜鱼口的公共空间，其中包括主要的甬道和广场。文化公共空间不再以机构为前提，而是由市民和他们的经验，以及他们与城市形象和所在地的精神联系所决定。

类型：城市规划
现状：提案
建筑面积：71 899 平方米

MAD 建筑事务所

MAD 建筑事务所由中国建筑师马岩松于 2004 年创立，马岩松、党群、早野洋介共同领导。它致力于探寻建筑的未来之路，将东方思想带入建筑实践，创造一种人与自然、天地对话的氛围与意境，探索建筑文化实践。

MAD 的建筑设计覆盖城市规划、城市综合体、公共建筑、博物馆、大剧院、音乐厅、住宅、城市更新及艺术品等，并于中国、加拿大、意大利、法国、荷兰、日本和美国等地有实践作品。2006 年，MAD 赢得加拿大 Absolute 国际竞赛，为密西沙加市设计了梦露大厦，成为首家赢得海外地标建筑设计权的中国建筑事务所。2014 年，MAD 赢得卢卡斯叙事艺术博物馆国际竞赛，成为首家赢得海外文化地标建筑设计权的中国建筑事务所。MAD 文化项目包括鄂尔多斯博物馆（2011 年建成）、哈尔滨大剧院（2015 年建成）、光之隧道（2018 年建成）、中国爱乐乐团音乐厅（建造中）、义乌大剧院（建造中）、鹿特丹 FENIX 移民博物馆（建造中）、海口云洞图书馆（2021 年建成）、深圳湾文化广场（建造中）等。其他城市项目包括日本四叶草之家（2015 年建成）、朝阳公园广场（2017 年建成）、乐成四合院幼儿园（2020 年建成）、亚布力企业家论坛永久会址（2021 年）、嘉兴火车站（2022 年建成）、衢州体育公园等（建造中）、南京证大喜玛拉雅中心（2023 年建成）等。

在建筑实践的同时，MAD 通过文字出版、建筑展览、学术讲座和演讲，记录和探讨对建筑、文化、艺术的思考。MAD 出版物包括：《疯狂晚餐》《光明城市》《马岩松：从（全球）现代化到（当地）传统》《山水城市》《MAD X》《MAD Rhapsody》及《光之隧道》。MAD 在国内外文化艺术机构举办的重要展览包括：2019 年，法国蓬皮杜艺术中心为 MAD 举办永久馆藏个展 MAD X；2014 年于尤伦斯当代艺术中心举办山水城市个展；2010 年与艺术家奥拉维尔·埃利亚松在尤伦斯当代艺术中心合作展览《感觉即真实》；2007 年于丹麦建筑中心举办 MAD IN CHINA 个展。MAD 在多届威尼斯建筑双年展和米兰设计周上都有重要展览。MAD 作品曾在维多利亚和阿尔伯特博物馆（伦敦）、路易斯安那现代艺术博物馆（哥本哈根）、21 世纪国家当代艺术博物馆（罗马）等美术馆展出。法国蓬皮杜艺术中心与香港 M+ 视觉艺术博物馆将 MAD 的一系列建筑模型列为永久收藏。

MAD 建筑事务所于北京、洛杉矶、罗马分别设有办公室。

展览

2021
大地之灯，艺术在浮梁 2021，中国景德镇

2019
MAD X，法国蓬皮杜艺术中心，法国巴黎

2018
天镜，米兰设计周，意大利米兰光之隧道
越后妻有大地艺术祭，日本新潟

2017
MAD 在火星，Design Miami，瑞士巴塞尔

2016
无际，中国理想家，意大利第 15 届威尼斯建
筑双年展，米兰设计周会外展

2015
未来森林岛，深圳香港城市\建筑双城双年展，
中国深圳（图 1）
设计：为了爱犬，上海喜玛拉雅美术馆，中
国上海（图 2）

2014
构建 M+：博物馆设计方案及与建筑藏品，中
国香港
未来城市——高山流水（中国山水城市设计
展），德国柏林
"山水城市"，尤伦斯当代艺术中心，中国北京
生长的天际线：1895—2014 中国百年城市
设计，北京国际设计周，中国北京
剪影山水，中国城市馆，第 14 届威尼斯建筑
双年展，意大利威尼斯（图 3）
城南计划：前门鲜鱼口规划，北京天安时间
当代艺术中心（BCA），中国北京

2013
西岸 2013：建筑与当代艺术双年展，中国上海
深圳香港城市\建筑双城双年展，中国深圳
"山水城市"，中国北京（图 4）
中国宫——中国建筑 2013，西班牙塞戈维亚

2012
现代与传统之间个展，ICO 博物馆，西班牙
马德里

图3　剪影山水，第14届威尼斯建筑双年展，意大利威尼斯，
2014

图1　未来森林岛，中国深圳，2015

图4　"山水城市"，中国北京，2013

图2　《肉垫》，设计：为了爱犬，中国上海，2015

图5　《小石潭记》，成都双年展：物色·绵延，中国成都，
2011

2011
成都双年展：物色·绵延，中国成都（图5）
北京国际设计周，中国北京
深圳香港城市\建筑双城双年展，中国深圳
向东方：中国建筑景观，21世纪国家当代艺术博物馆，意大利罗马
生活，路易斯安那现代艺术博物馆，丹麦哥本哈根

2010
东风——中国新建筑，维特拉设计博物馆，德国莱茵河畔魏尔
《感觉即真实》，奥拉维尔·埃利亚松+马岩松，尤伦斯当代艺术中心，中国北京（图6）

2009
在空白中沉思：介入圆形大厅，古根海姆美术馆，美国纽约（图7）

2008
"超级明星：移动中国城""非永恒城市"，第11届威尼斯建筑双年展，意大利威尼斯（图8）
设计中国展，维多利亚和阿尔伯特博物馆，英国伦敦

2007
MAD IN CHINA 个展，丹麦建筑中心（DAC），丹麦哥本哈根（图9）

2006
第六届上海艺术双年展，中国上海
MAD 在建项目展，东京画廊，中国北京
MAD IN CHINA 个展，Diocesi 美术馆，意大利威尼斯（图10）

2004
第一届中国国际建筑艺术双年展，中国美术馆，中国北京

图6 《感觉即真实》，尤伦斯当代艺术中心，中国北京，2010

图8 "超级明星：移动中国城""非永恒城市"，第11届威尼斯建筑双年展，意大利，2008

图7 世界集市，"在空白中沉思：介入圆形大厅"，古根海姆美术馆，美国纽约，2009

图9 MAD IN CHINA 个展，丹麦建筑中心，丹麦哥本哈根，2007

图10 北京2050, MAD IN CHINA 个展，第10届威尼斯建筑双年展，意大利，2006

讲座

2021
布宜诺斯艾利斯大学，阿根廷布宜诺斯艾利斯
康奈尔大学建筑学院，美国纽约
广岛工业大学建筑学院，日本广岛

2019
大都会艺术博物馆年度建筑，美国纽约
新西兰建筑师协会，新西兰奥克兰
斯里兰卡建筑师协会，斯里兰卡科伦坡
"设计上海"，中国上海
米兰建筑周，意大利米兰
TED 全球高峰会，苏格兰爱丁堡
AICA 日本现代建筑研讨会，日本东京 / 大阪
澳大利亚当代艺术博物馆"纪念 Lloyd Rees
系列讲座"，澳大利亚悉尼
《建筑实践》创新论坛，美国纽约

2018
清华大学建筑学院，中国北京
卡内基 – 梅隆大学大学建筑系，美国匹兹堡
同济大学建筑学院，中国上海
"LAComotion"，美国洛杉矶
土耳其建筑中心，土耳其伊斯坦布尔

2017
斯坦福大学，美国斯坦福
天津大学建筑学院，中国天津
英国皇家建筑师协会国际周，英国伦敦
北京建筑大学，中国北京
艾奥瓦州立大学设计学院，美国埃姆斯

2016
濑户内亚洲论坛，日本小豆岛
莫斯科城市论坛，俄罗斯莫斯科
第十届全球创新与企业家精神峰会，联合国贸
易和发展会议，美国纽约
得州大学奥斯汀分校建筑学院，美国奥斯汀
米兰设计周，意大利米兰
哈佛大学设计研究生院，美国波士顿

2015
米兰理工大学国际建筑节，意大利米兰
洛杉矶艺术博物馆（LACMA），美国洛杉矶
美国城市设计协会论坛，美国纽约
中央电视台《一人一世界》，中国北京
HOUSE VISION 台湾计划，中国台北
Perspective 论坛 2015，意大利米兰
卡尔加里大学环境设计系，加拿大卡尔加里
《建筑实录》"创新论坛 2015"，美国洛杉矶
耶鲁北京中心，中国北京

2014
斯德哥尔摩建筑协会，瑞典斯德哥尔摩
于默奥大学 Bildmuseet 博物馆，瑞典于默奥
美国国家建筑博物馆，美国华盛顿特区
耶鲁大学校友会，美国纽约
墨尔本大学设计学院，澳大利亚墨尔本
釜山国际建筑设计研讨会，韩国釜山
中央电视台《开讲啦》，中国北京
美国建筑师联盟弗吉尼亚协会，美国弗吉尼亚
A+D 博物馆，加州州立理工大学的洛杉矶地
铁项目，美国洛杉矶
夏威夷大学马诺阿分校建筑学院，夏威夷檀
香山

2013
布雷根茨美术馆，奥地利布雷根茨
贝尔拉格建筑学院，荷兰鹿特丹
伦敦大学学院（UCL）巴特莱特建筑学院，
英国伦敦
斯特雷卡学院，俄罗斯莫斯科
方所建筑周，中国广州
墨尔本国际建筑论坛，澳大利亚墨尔本
芬兰建筑师协会（SAFA）年度研讨会，芬兰
奥卢
国际地产投资交易会（MIPIM），法国戛纳
世界经济论坛（冬季达沃斯），瑞士

2012
香港设计周，中国香港
香港设计营商周论坛，中国香港
利马国际建筑节，秘鲁利马

马德里高等建筑技术学院，西班牙马德里
世界高层建筑与都市人居协会（CTBUH）颁
奖典礼，美国芝加哥
北京设计论坛，中国北京
维也纳应用艺术大学，奥地利维也纳
巴黎建筑与都市规划中心，法国巴黎
国际地产投资交易会，法国戛纳
拉萨尔建筑学院，西班牙巴塞罗那
COAM 基金会，西班牙马德里

2011
创意东京，日本东京
布拉格建筑设计周，捷克布拉格
北京国际设计周，中国北京
Fest Arch 建筑节，意大利佩鲁贾

2010
加州大学洛杉矶分校建筑与城市设计学院，
美国洛杉矶

2009
国际建筑与都市中心（CIVA），比利时布鲁塞尔
第十一届包豪斯年会，德国魏玛

2008
第 6 届建筑与结构国际论坛，巴西圣保罗
伦敦 AA 建筑学院，英国伦敦
美国建筑师学会，美国纽约
哥伦比亚大学建筑规划与古迹保护学院，美
国纽约

2007
丹麦建筑中心，丹麦哥本哈根
南加州建筑学院，美国加利福尼亚
巴黎建筑与遗产城，法国巴黎

2006
哈佛大学，美国波士顿
第二届中国国际建筑艺术双年展论坛，中国北京
威尼斯大学，意大利威尼斯
纽约建筑联盟，美国纽约
麻省理工学院，美国波士顿

奖项及荣誉

2021
海口云洞图书馆：建筑＋混凝土专业评审奖，A+ Awards, Architizer

比弗利山丘庭院：多单元住宅——中层专业评审奖，A+ Awards, Architizer

中国企业家论坛永久会址：礼堂／剧院专业评审奖，A+ Awards, Architizer

"AD100"中国最具影响力设计师

2020
乐成四合院幼儿园：最佳机构－幼儿园奖，大众评审奖，A+ Awards, Architizer

乐成四合院幼儿园：最佳地点＆场所奖，*Fast Company* 杂志

衢州体育公园：最佳未建成的运动场和休闲场所奖，专业评审奖，A+ Awards，Architizer

年度最佳建筑事务所，公众投票奖，Dezeen Awards

南京证大喜玛拉雅中心：优秀建筑奖，100—199m& 混合功能类别，CTBUH

"AD100"中国最具影响力设计师

2019
"AD100"中国最具影响力设计师

光之隧道：最佳观光及悠闲空间，亚洲设计大奖

Hyperloop TT：系统－商业银奖，纽约设计大奖

2018
朝阳公园广场：最佳综合体奖，A+Awards, Architizer

朝阳公园广场：最佳幕墙，中国建筑协会

2017
四叶草之家：最佳教育－幼儿园奖，A+ Awards, Architizer

哈尔滨大剧院：第十四届中国土木工程詹天佑奖

哈尔滨大剧院：第三十四届 IALD 国际照明设计奖"光辉奖"

四叶草之家：2017 年度设计创新大奖——空间类别，*Fast Company* 杂志

2016
哈尔滨大剧院：最佳建筑与木材奖，A+ Awards, Architizer

哈尔滨大剧院：最佳表演空间奖，2016 世界建筑新闻奖 (WAN Awards)

假山：2016 中国高层建筑荣誉奖，CTBUH

马岩松：全球最具创造力人物，全球创新与企业家精神峰会

哈尔滨大剧院：Beyond LA 奖，洛杉矶建筑奖

马岩松：洛杉矶城市认可奖章

四叶草之家：2016 年度十佳少儿教育空间，Designboom

哈尔滨大剧院：中国建设工程鲁班奖（国家优质工程）

2015
"Power 100"，*Surface* 杂志

中国最具影响力设计师 30 强，《福布斯》中文版

哈尔滨大剧院：2015 年最惊艳的建筑，*Wired* 杂志

哈尔滨大剧院：年度十佳艺术中心，《建筑实录》杂志

全球设计权力榜，*Interni* 杂志

北京康莱德酒店：Beyond LA 优胜奖，洛杉矶建筑奖

山丘庭院：设计概念优胜奖，洛杉矶建筑奖

2014
湖州喜来登温泉度假酒店：2013 年摩天大楼奖第三名，安波利斯

鄂尔多斯博物馆：最佳建筑——金属奖，世界建筑新闻奖（WAN Awards）

南京证大喜玛拉雅中心：2014 十佳住宅项目，Designboom

朝阳公园广场：2014 十佳高层建筑，Designboom

2014 年全球商界最具创造力 100 人，*Fast Company* 杂志

2013
年度建筑师，Good Design

第二届奥迪艺术与设计大奖，年度设计大奖

D21 中国建筑设计青年建筑师奖，北京国际设计周

朝阳公园广场：D21 中国建筑设计奖，北京国际设计周

梦露大厦：2012 年摩天大楼奖，安波利斯

2012
黄山太平湖公寓：2012 十佳概念建筑，Designboom

梦露大厦：年度建筑奖，ArchDaily

梦露大厦：美洲最佳高层建筑奖，CTBUH

"21 for 21"，世界建筑新闻奖（WAN Awards）

假山：最佳住宅群建筑，国际房地产大奖

2011
鄂尔多斯博物馆：最佳美术馆奖，*UED* 杂志

RIBA 国际院士，英国皇家建筑师协会（RIBA）

中国最具创造力 10 公司，*Fast Company* 杂志

2010
胡同泡泡 32 号：最佳历史保护项目，好设计创造好效益

2009
全球建筑界最具创造力 10 人，*Fast Company* 杂志

2008
全球 20 位具影响力青年设计师，*ICON* 杂志

2006
青年建筑师奖，纽约建筑联盟

2001
建筑研究奖金，美国建筑师学会

书籍和出版物

MAD 出版书籍

2022

《光之隧道》，中信出版社，ISBN 978-7-52
17-3613-7

2021

《光のトンネル The Tunnel of Light, Ma Y-
ansong》，株式会社现代企画室，ISBN
978-4773821086

2021

《MAD Rhapsody》，Rizzoli 出版社，Riz-
zoli Electa，ISBN 978-0-8478-6962-6

2019

《MAD X》，Edition HYX 出版社，ISBN
978-2-37382-016-4

2016

《MAD Works MAD Architects》，Phaidon
出版社，ISBN 978-0714871967

2015

《鱼缸》，中国建筑工业出版社
《山水城市》（英文版），Lars Müller Publi-
shers

2014

《山水城市》（中文版），广西师范大学出版社

2012

《马岩松：从（全球）现代化到（当地）传统》，
Actar & Fundación ICO
《光明城市》，Blue Kingfisher

2007

《疯狂晚餐》，Actar

关于 MAD 建筑的出版物

2022

《建筑学报》封面报道：《百子湾社会住宅：
关注社会住宅的理想与现实》，6 月刊
ARQUITECTURA VIVA 特刊：《MAD 建
筑事务所》，10 月刊
《建筑学报》封面报道：《衢州体育场》，11
月刊

2021

《时代建筑》封面报道：《寒地建筑符号情境建
构——MAD 的亚布力企业家论坛永久会址》，
3 月刊

2020

a+u 9 月特刊：《Dreamscape》（梦境），600
期
《时代建筑》封面报道：《乐成四合院幼儿园：
漂浮，时代性的对话》，5 月刊
C3 封面报道：《乐成四合院幼儿园：围绕北京
传统四合院，流动的幼儿园楼顶操场》，06 期
Frame 封面报道：《乐成四合院幼儿园：后
疫情时期的教学》，11 月刊
RIBA 封面报道：《乐成四合院幼儿园：MAD
设计的北京幼儿园给孩子们游荡的权利》，12
月刊
AV Proyetco 封面报道：《MAD 建筑事务所》，
7/8 月刊

2017

UED 特刊：《梦露十年 | MAD 国际实践》
ICON 封面报道：《黄山太平湖公寓：Radical
Landscape》，168 期
Abitare 封面报道：《朝阳公园广场：Beijing,
a Future Constellation》，11 月刊

2016

Ppaper 封面报道：《哈尔滨大剧院：马岩松
MAD——今天的生活 明日的文化》165 期
AZURE 封面报道：《哈尔滨大剧院：Iconic
Buildings》，2 月刊

Domus 中文版 封面报道：《哈尔滨大剧院：
Greater China》，105 期
《世界建筑》封面报道：《哈尔滨大剧院：Arc-
hitecture and Music: Indulging with
Time》，308 期
Perspective 封面报道：《哈尔滨大剧院：
Sculpted by Wind & Water》，3 月刊
《时代建筑》封面报道：《哈尔滨大剧院：超
越东西南北 当代建筑中的普遍性和特殊性》，
3 月刊
《MAD Works MAD Architects》，Phaidon
出版社

2015

RIBA 封面报道：《Mad for it》，12 月刊
Architectural Record 封面报道：《哈尔滨
大剧院，Arts Centers》，12 月刊
Abitare 封面报道：《哈尔滨大剧院》，12 月刊
MARK 封面报道：《哈尔滨大剧院：Step
into the Madhouse》，059 期

2013

《MAD 建筑事务所》，Hachette 出版社

2012

Abitare 特刊：《Being Ma Yansong》，031 期

2011

ICON 封面报道：《梦露大厦，一个专属 MAD
的世界》，094 期

2009

《MAD 建筑事务所》，Phaidon 出版社
a+u 12 月特刊：《疯狂兔子》

项目版权

1. 鱼缸

梦露大厦
2006—2012
加拿大密西沙加
设计团队：Yu Kui，Zhao Wei，Florian Pucher，Zhao Fan，Hao Yi，Yao Meng yao，Shen Jun，Robert Groessinger，Yi Wenzhen，Liu Yuan，Li Kunjuan，Max Lonnqvist，Eric Spencer

哈尔滨大剧院
2010—2015
中国哈尔滨
设计团队：Jordan Kanter，Daniel Gillen，Bas van Wylick，Liu Huiying，Fu Changrui，Zhao Wei，Kin Li，Zheng Fang，Julian Sattler，Jakob Beer，JTravis Russett，Sohith Perera，Colby Thomas Suter，Yu Kui，Philippe Brysse，Huang Wei，Flora Lee，Wang Wei，Xie Yibang，Lyo Hengliu，Alexander Cornelius，Alex Gornelius，Mao Beihong，Gianantonio Bongiorno，Jei Kim，Chen Yuanyu，Yu Haochen，Qin Lichao，Pil-Sun Ham，Mingyu Seol，Lin Guomin，Zhang Haixia，Li Guangchong，Wilson Wu，Ma Ning，Davide Signorato，Nick Tran，Xiang Ling，Gustavo Alfred Van Staveren，Yang Jie

纽约曼哈顿东 34 街公寓
2015
美国纽约
设计团队：Kin Li，Jordan Kanter，Flora Lee，Dora Lam，Yu Zhipeng，Sear Nee，Yu Kui，Janet Yoon，Joanna Tan，Wenshan Xie

城市森林
2009
中国重庆
设计团队：Yu Kui，J Travis Russett，Diego Perez，Zhao Wei，Chie Fuyuki，Fu Changrui，Irmgard Reiter，Rasmus Palmqvist，Dai Pu，Qin Lichao，Xie Xinyu

2. 墨冰

朝阳公园广场
2012—2017
中国北京
主管合伙人：Liu Huiying
设计团队：Kin Li，Zhao Wei，Lin Guomin，Bennet Hu Po-Kang，Julian Sattler，Nathan Kiatkulpiboone，Li Guangchong，Fu Changrui，Yang Jie，Zhu Jinglu，Younjin Park，Gustaaf Alfred Van Staveren

中国木雕博物馆
2009—2013
中国哈尔滨
设计团队：Yu Kui，Daniel Gillen，Bas van Wylick，Liu Huiying，Diego Perez，Jordan Kanter，Huang Wei，Julian Sattler，Liu Weiwei，Tang Liu，Mao Peihong，Maria Alejandra Obregon，Nickolas Urano，Gus Chan，Shin Park，Alejandro Gonzalez

卢卡斯叙事艺术博物馆
2014—2023
美国洛杉矶
竞赛团队：Kin L，Zhao Wei，Andrea D'Antrassi，Tiffany Dahlen，Wu Kaicong，Kek Leong Seow，Younjin Park，Daniel Weber，Cesar d Pena Del Rey，Valeria Pestereva，Wang Yiqi，Sarita Tejasmit，He Xiaokang
设计团队：Kin Li，Tiffany Dahlen，Dixon Lu，Flora Lee Kin Li，Tiffany Dahlen，Flora Lee，Jon Kontuly，Daniel Gillen，Jordan Kanter，Daniel Weber，Zhu Yuhao，Xie Peng，Casey Kell，Carmen Carrasco，Kazushi Miyamoto，Matthew Pugh，Jacob Hu，Chris Nolop，Will Colenso，Hiroki Fujino，Ben Yuqiang，Satoko Narishege，Rozita Kashirtseva

四叶草之家
2012—2015
日本冈崎市
设计团队：Yukan Yanagawa，Takahiro Yonezu，Hiroki Fujino，Julian Sattler，Davide Signorato

加拿大 n 大厦
2015
加拿大多伦多
设计团队：Flora Lee，He Wei，Yu Zhipeng，Chris Chen，Wenshan Xie，Melina Girardi，Yan Ran，Dmitry Seregin，Wang Tao，Tomaz Czarnecki，Sarita Tejasmit，Shen Chen

台中会展中心
2009
中国台湾台中
设计团队：Jordan Kanter，J Travis Russett，Irmi Reiter，Diego Perez，Dai Pu，Rasmus Palmquist，Art Terry，Chie Fuyuki

3. 感觉即真实

鄂尔多斯博物馆
2005—2011

中国鄂尔多斯
设计团队：Shang Li，Andrew C. Bryant，Howard Jiho Kim，Matthias Helmreich，Xiang Ling，Linda Stannieder，Zheng Tao，Qin Lichao，Sun Jieming，Yin Zhao，Du Zhijian，Yuan Zhongwei，Yuan Ta，Xie Xinyu，Liu Weiwei，Felipe Escudero，Sophia Tang，Diego Perez，Art Terry，J Travis Russett，Dustin Harris

红螺会所
2006
中国北京
设计团队：Florian Pucher，Shen Jun，Christian Taubert，Marco Zuttioni，Yu Kui

假山
2008—2015
中国广西北海
设计团队：Xue Yan，Xu Dongxin，Ren Xiaowei，He Wei，Wang Wei，Tang Liu，Zhang Jie，Kristie Park，Dinah Zhang，Fernie Lai，Fu Changri，Zheng Tao，Kek Leung Seow

湖州喜来登温泉度假酒店
2009—2012
中国湖州
设计团队：Zhao Wei，Yu Kui，Xue Yan，Tony Yam，Eric Baldosser，Qui Gao，Xiang Ming，Fu Changrui，Zheng Tao，Zhang Yihang，David William，ItzhakSamun，RuiXiaolon，Wang Wei，Wang Xiaopeng，XieXinyu，Ye Jingyun，Zhang Fan，Liu Jinbao，Ma Rui

三亚凤凰岛
2006—2012
中国三亚

设计团队：Zhao Wei，Yu Kui，Fu Changrui，Zheng Tao，Liu Huiying，He Wei，Yan Weiqi，Xue Yan，Xu Dongxin，Liu Heng，Michele Zanella，Rui Xiaolong，Zhang Yihang

平潭艺术博物馆
2011—2016
中国福建平潭
设计团队：Zhao Wei，Huang Wei，Liu Jiansheng，Jei Kim，Kin Li，Li Guangchong，Alexandre Sadeghi

4. 山水城市

黄山太平湖公寓
2009—2017
中国黄山
副主管：Liu Huiying
设计团队 Zhao Wei，Andrea D'Antrassi，Wang Deyuan，Philippe Brysse，Achille Tortini，Jakob Beer，Luke Lu，Geraldine Lo，Tiffany Dahlen，Augustus Chan，Jeong-Eun Lee

南京证大喜玛拉雅中心
2012—2023
中国南京
设计团队：Kin Li，Zhao Wei，Andrea D'Antrassi，Liu Huiying，Fu Xiaoyi，Wu Kaicong，Tiffany Dahlen，Achille Tortini，Zhu Jinglu，Zhang Lu，Wang Tao，Victor Shang-Jen Tung，Seow Kek Leong，Matteo Vergano，Wang Deyuan，Wing Lung Peng，Kang Mu-Jung，Lucy Dawei Peng，Benjamin Scott Lepley，William Lewis

厦门欣贺设计中心
2010—2023
中国厦门

设计团队：J Travis Russett，Flora Lee，Julian Sattler，Jei Kim，Jakob Beer，Liu Huiying，Fu Changrui，Xu Chen，Younjin Park，Liu Ling，Sear Nee，Zhu Jinglu，Liang Zhongyi

泉州会议中心
2014—2017
中国泉州
设计团队：Zhao Wei，Zeng Hao，Li Guangchong，Xue Yan，Kek Leong Seow，Zhang Yiran，Liu Huiying，Yao Cong，Zhu Jinglu，Yu Zhipeng，Yang Ying，Joonyoun Yoon，Zhu Jianing，Casey Kell，Mujung Kang

山丘庭院
2013—2020
美国洛杉矶
项目负责人：Dixon Lu
设计团队：Li Guangchong，Flora Lee，Cesar d Pena Del Rey，Jeffrey Miner，Joanna Tan，Chris Hung-Yu Chen

UNIC
2012—2019
法国巴黎
设计团队：Zhao Wei，Flora Lee，Wu Kaicong，Daniel Gillen，Jiang Bin，Andrea D'Antrassi，Tristan Brasseur，Juan Valeros，Gustavo Alfred van Staveren，Xin Dogterom，Juan Pablo，Cesar d Pena Del Rey，Natalia Giacomino

罗马 71 Via Boncompagni 公寓
2011—2025
意大利罗马
项目负责人：Andrea D'Antrassi
设计团队：Zhao Wei，Achille Tortini，Gustavo van Staveren，Giannantonio Bongiorno，Jei Kim，Elin Thorisdottir

5. 北京 2050

胡同泡泡 32 号
2008—2009
中国北京
设计团队：Dai Pu，Yu Kui，Stefanie
Helga Paul，He Wei，Shen Jianghai

北京康莱德酒店
2008—2013
中国北京
设计团队：Liu Yixin，Flora Lee，
Yuteki Dozono，Paul Tse，Gabrielle
Marcoux，Uli Queisser，Tang Liu，
Art Terry，Rasmus Palmqvist，Diego
Perez，Alan Kwan，Helen Li，Albert
Schrurs，Simon Lee，Dustin Harris，
Bryan Oknyansky，Andy Chang，
Matthias Helmreich，Huang Wei，
Howard Kim

中国爱乐乐团音乐厅
2014—2023
中国北京
设计团队：Kin Li，Liu Huiying，Zeng
Hao，Fu Xiaoyi，Jacob Hu，Brecht
van Acker，Xiao Ying，Wang Deyuan，
Dora Lam，Fujino Hiroki，Zhao Wei，
Zhu Jinglu，Shen Chen，Wang Tao，
Sear Nee

中国美术馆（新馆）
2011
中国北京
设计团队：Zhao Wei，Sohith Perera，
Yu Kui，Jei Kim，Geraldine Lo，Mao
Beihong

前门鲜鱼口
2014
中国北京
设计团队：Zhao Wei，Jiang Bin，Jacob
Hu，Yang Jie，Ma Wenlei

马岩松
创始合伙人

出生于北京的马岩松，首位在海外赢得重要标志性建筑的中国建筑师，同时也是最具国际影响力的中国建筑师。他致力于探寻建筑的未来之路，倡导把城市的密度、功能和山水意境结合起来，通过重新建立人与自然的情感联系，走向一个全新的、以人的精神为核心的城市文明时代。从 2002 年设计"浮游之岛"开始，马岩松以梦露大厦、哈尔滨大剧院、胡同泡泡 32 号、朝阳公园广场、中国爱乐乐团音乐厅、FENIX 移民博物馆、衢州体育公园及深圳湾文化广场等充满想象力的作品，在世界范围内实践着这一未来人居理想的宣言。2014 年，马岩松获邀成为美国卢卡斯叙事艺术博物馆首席设计师，成为首位获得海外重要文化地标设计权的中国设计师。同时，他还通过一系列国内外个展、出版物和艺术作品，探讨城市与建筑的文化价值。

2006 年，马岩松获得纽约建筑联盟青年建筑师奖。2008 年，他被 *ICON* 杂志评选为"全球 20 位最具影响力青年设计师"之一。*Fast Company* 杂志先后评选他为"2009年全球建筑界最具创造力 10 人"之一以及"2014 年全球商界最具创造力 100 人"之一。2010 年，英国皇家建筑师协会授予他 RIBA 国际院士。2014 年他被世界经济论坛评选为"2014 世界青年领袖"。

马岩松曾就读于北京建筑工程学院（现北京建筑大学），后毕业于美国耶鲁大学（Yale University）并获硕士学位。他曾于清华大学、北京建筑大学和美国南加州大学任客座教授。

党群
合伙人

出生于中国上海的党群，带领着拥有一百余名来自世界各地建筑师的事务所；她负责 MAD 所有项目的建筑实践，事务所实践中理论和文化发展，全球策略管理和运营。

党群是 MAD 实践的坚定推动者及执行者，她负责建筑项目的整体把控，包括项目的执行及品质把控、团队调配及质效监督等。同时她负责与业主、各合作方从项目起始至建筑建成的全过程沟通，务求各方合力使得项目在最大限度尊重设计和思想的基础上以超高标准实现。另外，她关注及掌握最先进的建造技术和经验，让 MAD 的设计得以最先进的技术实现最佳品质。

党群拥有艾奥瓦州立大学（Iowa State University）建筑学硕士学位。她的学术生涯包括在普瑞特艺术学院（Pratt Institute)担任客座教授，以及艾奥瓦州立大学担任助教。

早野洋介
合伙人

出生于日本爱知县的早野洋介，是日本一级注册建筑师。作为 MAD 合伙人，他监督并指导 MAD 所有设计项目。凭借扎实的专业背景及对项目细节高标准的把控能力，他带领团队将 MAD 的设计理念贯彻于不同尺度的项目上：从建筑尺度到城市尺度，从概念草图、技术图纸到最终的建筑形态，并给这些项目寻找到独特且契合场地条件的建筑学上的回应，确保设计意图得以完整的实现，符合 MAD 既有的标准。

2000 年，早野洋介获得早稻田大学材料工程学本科学位，2001 年获得早稻田大学建筑研学院的联合本科学位，2003 年获得伦敦建筑学院硕士学位。他曾获得过 2006 年纽约联盟青年建筑师奖，2011 年的亚洲设计奖以及熊本艺术建筑奖。2008 年至 2012 年，他曾担任早稻田大学艺术学校客座讲师，2010 年至 2012 年东京大学任客座讲师。自 2015 年至 2019 年，早野洋介曾担任伦敦建筑学院的评审导师。

图片版权

Adam Mørk，30 - 32，35，38 - 39
Daniele Dainelli，192
Danish Architecture Center，230（Fig. 10）
Fang Zhenning，19
Hiroshi Yoda，229（Fig. 2）
Hufton + Crow，36 - 37
Iwan Baan，22，24 - 26，34，66，70，98 - 100，102 - 106，109，146，149
Koji Fuji，78 - 79，83
Lucas Museum of Narrative Art and MAD Architects，72 - 74，76 - 77
MAD Architects，10（Figs. 3 - 4，7 - 9），27 - 29，40 - 41，42 - 44，45 - 47，48 - 50，53 - 56，58 - 63，71，80，82，84 - 86，88 - 89，90 - 92，94 - 95，107 - 108，114，121 - 123，129，135，136 - 138，140 - 141，144 - 145，148，150 - 151，152 - 154，156 - 160，162 - 166，168 - 172，174 - 178，180 - 184，186 - 187，189，197（bottom），205 - 208，210 - 214，216- 222，
229（Figs. 1，3），230（Figs. 7，8，10）
Shu He，10（Figs. 1，5），110 - 112，115，189 - 191，194 - 196，197（top），200，229（Fig. 5）
Studio Olafur Eliasson © 2010 Olafur Eliasson and Ma Yansong. Feelings are Facts. Fluorescent lights（red，green，blue），aluminium，steel，wood，ballasts，haze machines. 2.25 x 18 x 54 m. Dimensions variable. Installation view at Ullens Center for Contemporary Art，Beijing，2010，97
Tom Arban，20 - 21Ullens Center for Contemporary Art，229（Fig. 6）
Xia Zhi，10（Figs. 2，4，6），64 - 65，68 - 69，116 - 118，120，124 - 126，128，130 - 132，134，143，198 - 199，203 - 204，229（Fig. 4）
Cover image，Hufton + Crow

我们已尽一切努力，确认本书收录照片的版权归属。如有问题，纯属无心，请以书面形式发送给出版商，我们会在以后的版本中更正。